U0134353

長者精神健康系列

認知與行爲治療(情緒)

小組實務手冊

長者精神健康系列

認知與行為治療（情緒）

小組實務手冊

沈君瑜、陳潔英、陳熾良、郭韡韡、林一星著

賽馬會樂齡同行計劃
Jockey Club JoyAge
Holistic Support Project for Elderly Mental Wellness

策劃及捐助：
香港賽馬會慈善信託基金

合作院校：
HKU SWSA
Department of Social Work and Social Administration
The University of Hong Kong
香港大學社會工作及社會行政學系

HKU PRESS
香港大學出版社

香港大學出版社

香港薄扶林道香港大學

https://hkupress.hku.hk

ISBN 978-988-8805-79-2（平裝）

10 9 8 7 6 5 4 3 2 1

亨泰印刷有限公司承印

目錄

目錄

總序

安享晚年，相信是每個人在年老階段最大的期盼。尤其經歷過大大小小的風浪與歷練之後，「老來最好安然無恙」，平靜地度過。然而，面對退休、子女成家、親朋離世、經濟困頓、生活作息改變，以及病痛、體能衰退，甚至死亡等課題，都會令長者的情緒起伏不定，對他們身心的發展帶來重大的挑戰。

每次我跟長者一起探討情緒健康，以至生老病死等人生課題時，總會被他們豐富而堅韌的生命所觸動，特別是他們那份為愛而甘心付出，為改善生活而刻苦奮鬥，為曾備受關懷而感謝不已，為此時此刻而知足常樂，這些由長年累月歷練而生出的智慧與才幹，無論周遭境況如何，仍然是充滿豐富無比的生命力。心理治療是一趟發現，然後轉化，再重新定向的旅程。在這旅程中，難得與長者同悲同喜，一起發掘自身擁有的能力與經驗，重燃對人生的期盼、熱情與追求。他們生命的精彩、與心理上的彈性，更是直接挑戰我們對長者接受心理治療的固有見解。

這系列叢書共有六本，包括三本小組治療手冊：認知行為治療、失眠認知行為治療、針對痛症的接納與承諾治療，一本靜觀治療小組實務分享以及兩本分別關於個案和「樂齡之友」的故事集。書籍當中的每一個字，是來自生命與生命之間真實交往的點滴，也集結了2016年「賽馬會樂齡同行計劃」開始至今，每位參與計劃的長者、「樂齡之友」、機構同工與團隊的經驗和智慧，我很感謝他們慷慨的分享與同行。我也感謝前人在每個社區所培植的土壤，以及香港賽馬會提供的資源；最後，更願這些生命的經驗，可以祝福更多的長者。

計劃開始後的這些年，經歷社會不安，到新冠肺炎肆虐，再到疫情高峰，然後到社會復常，從長者們身上，我見證著能安享晚年，並非生命中沒有起伏，更多的是在波瀾壯闊的人生挑戰中，他們仍然向著滿足豐盛的生活邁步而行，安然活好每一個當下。

願我們都能得著這份安定與智慧。

香港大學社會工作及社會行政學系
高級臨床心理學家
賽馬會樂齡同行計劃 計劃經理（臨床）
郭韡韡
2023年3月

前言

有關「賽馬會樂齡同行計劃」

有研究顯示，本港約有百分之十的長者出現抑鬱徵狀。面對生活壓力、身體機能衰退、社交活動減少等問題，長者較易會受到情緒困擾，影響心理健康，增加患上抑鬱症或更嚴重病症的風險。有見及此，香港賽馬會慈善信託基金主導策劃及捐助推行「賽馬會樂齡同行計劃」。計劃結合跨界別力量，推行以社區為本的支援網絡，全面提升長者面對晚晴生活的抗逆力。計劃融合長者地區服務及社區精神健康服務，建立逐步介入模式，並根據風險程度、症狀嚴重程度等，為有抑鬱症或抑鬱徵狀患者提供標準化的預防和適切的介入服務。計劃詳情，請瀏覽http://www.jcjoyage.hk/。

有關本手冊

「賽馬會樂齡同行計劃」提供與精神健康支援服務有關的培訓予從事長者工作的助人專業人士（包括：從事心理健康服務的社工、輔導員、心理學家、職業治療師、物理治療師和精神科護士），使他們掌握所需的技巧和知識，以增強其個案介入和管理的能力。本手冊屬於計劃的其中一部分。製作本手冊的主要目的，是期望提供有系統的實務指引，協助助人專業人士和社區，以認知行為治療理論作為小組介入的手法，針對有抑鬱徵狀長者的情況作出介入，從而達到有效協助抑鬱症人士改善情緒。

此手冊包含了多年來參與這項計劃的長者與社工在應用認知行為治療的歷程與心得。當中的物資、故事、解說、練習與活動，都是經過長者們與社工多次的分享與回饋，不斷的改進，以至更能切合長者的言語、文化、思維與生活模式。至於他們的經驗，反映了很多西方實證的心理治療手法，實在需要與受眾一同共建，達到一個本土化、與受眾群體文化共融的體現方式。在此，衷心感謝長者們與同工的參與，更願此手冊，可以讓更多的長者受惠。

如何運用此手冊

此手冊分為三部分：第一部分為小組基本資料及開組前預備；第二部分為小組每節內容及具體流程；第三部分為小組物資、工作紙、附錄練習及參考資料。工作員應在開組前詳細閱讀及理解當中的材料，以便更好地掌握整個小組的結構及進程。

請留意，工作員在運用此手冊前，必須先接受相關認知行為治療的培訓。未受相關培訓的工作員並不適合使用此手冊；本手冊內容亦非供抑鬱症人士自主閱讀的材料。

課節內容

甚麼是認知行為治療？

認知行為治療（Cognitive Behavioral Therapy, CBT）是一種具臨床實證的心理治療手法，被廣泛應用於不同情緒與精神疾病的治療當中（Amick et al., 2015）。National Institute for Health and Care Excellence (NICE) 對於抑鬱症治療的臨床建議，把個人及小組形式的認知行為治療列作推薦的臨床治療方法之一（National Institute for Health and Care Excellence, 2022）。臨床研究亦證明認知行為治療用於長者抑鬱症上都有效用（Jayasekara et al., 2015）。

認知行為治療提出，由於成長時不同的因素與經驗，我們對自己、他人及世界建立了一套見解，或稱作核心信念與規條。這些核心信念與規條，會讓人在不同處境下產生相應的想法或理解、行動、身體反應，以至情緒。所以認知行為治療主張因為理解事情的方式、角度不同，儘管是相同的處境，不同人也可以產生不同的情緒和身心行為反應。同時，我們當刻的身體反應、行為和思想也會互相影響，慢慢變成一個循環，維持著相應的情緒與核心信念。

當長者出現抑鬱的情緒，認知行為治療會去理解長者在事件中的想法、行動和身心反應。很多時候，過分強烈的負面情緒，可能是源自一些過於負面或先入為主的思考模式，再加上不適切的行為，例如過分退縮，會更易令情緒反應加劇，結果造成惡性循環，令長者的抑鬱情況持續。針對此情況，認知行為治療會從思考模式與行為作出介入，從而改善情緒狀況。治療過程中，工作員會與長者一同認識影響情緒的因素，建立積極健康的思考模式與行動，學習新的方法去紓緩情緒，減少沒有幫助的行為等。藉著這些介入，打破令長者抑鬱持續的惡性循環，並在創造新經驗的同時，讓他們體驗到雖然處境未必可以改變，但改變心境與行動，能有效改善情緒與生活狀態。

第二章 小組目的及對象

小組目的

- 改善負面情緒
- 增加對情緒健康的了解及對自身情緒的覺察
- 學習較平衡的思考模式，以減低負面思想對自身的影響
- 讓參加者更了解自身擁有的資源，例如自助減壓的方法及社交網絡等
- 協助參加者找出附有生活意義的活動並鼓勵他們積極參與

小組對象

- 年齡：60歲以上
- 主要是病人健康狀況問卷（PHQ-9；Kroenke & Spitzer, 2002）為10分或以上的參加者。如小組大部分組員的PHQ-9分數為5至9分，即處於輕度抑鬱狀況，工作員可考慮調整及簡化小組內容，由8節改為6節。6節小組的大綱可參考附錄（P.42），當中所有活動與8節小組一樣，只是調整個別活動時間的長短，以更切合組員的狀況。

小組結構

- 人數：5至8人，上限8人
- 節數：8節（每節2小時）
- 工作員：由 1 位曾接受認知行為治療訓練的工作員帶領小組；並有 1至2位曾接受這計劃訓練的「樂齡之友」[1]從旁協助

選擇參加者入組須注意之事項

- 同一個小組的參加者 PHQ-9 分數宜有高低，不宜只有高分數的參加者，否則工作員或需花較大氣力帶動氣氛；若組員態度過於負面或性格沉默，互動會不理想，因為組員過於情緒低落，或不停哭泣，所有注意力會集中於該組員，故此應先做個人治療才讓他入組
- 小組前，工作員應先安排參加者進行組前面談，以評定他們所需服務的性質，例如：
  - 年齡相近
  - 能力相若，如教育程度、能否讀字
  - 面對同類問題，如照顧家人的壓力
  - 參加者談及較多敏感的私事，工作員可考慮與他進行個人治療
  - 參加者長篇大論地訴說個人事情或說話較激進，以致工作員難於控制，甚至影響小組的互動，工作員亦應考慮以個人形式跟進參加者之需要
  - 其他不適合入組的身體狀況，如視障、聽障。若「樂齡之友」在參加者耳邊大聲重複說話內容，會對其他人造成煩擾，而且大量資訊亦難逐句重複，因而影響組員之間的互動，折衷的辦法是讓可自行讀字者坐近講員

註

1. 「賽馬會樂齡同行計劃」由2016年開始提供「樂齡之友」課程和服務。「樂齡之友」培訓課程包含44小時課堂學習(認識長者抑鬱、復元和朋輩支援理念、運用社區資源、「身心健康行動計劃」和危機應變等等) 及 36小時實務培訓（跟進個案、分享個人故事和小組支援等等）。完成培訓和實習的「樂齡之友」，將有機會受聘於「賽馬會樂齡同行計劃」服務單位，用自身知識和經驗跟進受抑鬱情緒或風險困擾的長者，提昇他們的復元希望。

開組前準備

1. 工作員可強調小組旨在讓參加者認識自己、認識情緒、學習思考方法、建立健康的生活模式
2. 開組前的會面需向長者簡述小組內容、要求，以及了解他們的期望
3. 增加長者參加小組的動力：
    - 透過動機式晤談（motivational interviewing），了解推動參加者參與的個人原因及意義，開組前與他討論，以助他建立參加小組的個人目標，並增加動力
    - 了解參加者會有的實際及心理障礙，例如擔心不能出席所有節數、不能理解內容、不善於書寫等，可先與他討論及嘗試一起解難，以及鼓勵他參與 1至2 節後再決定是否繼續
    - 設計較吸引的組名，如「重拾喜樂生活」等
    - 可將小組設計成課程／興趣班，結束時頒發中英對照證書等，能減低標籤之餘，亦可肯定參加者的付出
4. 準備物資的實務經驗：預備中英對照證書、課程完結後提供圖文並茂的資源冊
5. 識別有特殊需要的參加者並加以協助，例如：
    - 工作員應將筆記及工作紙放大影印予視力有問題的參加者
    - 安排「樂齡之友」在課堂上協助不懂寫字的參加者；課堂以外，或需調整工作紙，如簡化練習或請參加者以其他形式填寫，亦可請「樂齡之友」在每堂之間致電參加者以幫助完成小練習
6. 每一節前，工作員應詳細閱讀該節內容一次，清楚了解每一節的目的及重點，並因應場地及時間限制，適當調整活動安排
7. 每一節前，工作員應向「樂齡之友」給予指示及指導，例如分派特定「樂齡之友」照顧有指定需要的參加者，解釋清楚「樂齡之友」於小組內的角色及幫忙事項
8. 其他：工作員應與同地區中心溝通，先派發時間表

課節內容概覽

節數	主題	大綱
1	知己知彼	• 互相認識+ 訂立小組守則 • 介紹小組目標及內容 • 了解組員對小組的期望 • 訂立個人目標 • 讓組員適應家課小練習的學習模式
2	情緒知多少，身體最誠實	• 認識情緒及其功用 • 學習常見的情緒 • 提高長者對自身情緒的認識及意識 • 學習呼吸鬆弛練習
3	壓力人人有	• 識別壓力的成因及來源 • 區分有益及無益的壓力 • 簡介處理壓力能從不同方面入手 • 簡介認知行為治療的四個核心組件 • 學習漸進式肌肉鬆馳法
4	由「思想」而生的「情緒」（上）	• 認識事件、思想與情緒之間的關係 • 明白不同的解讀（思想／想法）會帶來不同的感受 • 認識不同的思想陷阱／地雷，以及它們對情緒的影響
5	由「思想」而生的「情緒」（下）	• 覺察自己的思想陷阱 • 認識抑鬱症的徵狀及其風險因素 • 用行動轉換心情
6	培養感恩之心	• 感恩的重要性 • 培養及表達感恩之心
7	新思維，新生活	• 捕捉及挑戰自己的負面想法，並建立健康且有助紓緩情緒的想法／句子 • 協助組員建立有效紓緩情緒的方法
8	建立自己的新習慣，重新出發	• 重申堅持可變成習慣 • 總結課程重點 • 回顧每個人的改變

第一節 知己知彼

目標

1. 讓組員互相認識
2. 訂立小組守則
3. 簡介小組目標及內容
4. 了解組員對小組的期望
5. 協助組員訂立個人目標
6. 讓組員適應家課小練習的學習模式

小組內容

活動1 這一刻的心情 5分鐘

☆ **目的：**

收集組員每節在開組前後的心情變化，可以在小組最後一節與他們一起回顧，並作合適的解說：「人的心情總會有起伏的時候，重要的是能夠學習多一分覺察在這個小組，我們學懂如何提升自己的思想和行為彈性，從而改善自己的心情」（簡報S1 第3至5頁）

☆ **物資：**

- 便利貼
- 筆
- 簡報S1
- 大組「情緒恆生指數」（附錄練習 16）（謹記每次用同一張，以累積組員心情的變化）
- 個人「情緒恆生指數」（附錄練習 16）

☆ **步驟：**

1. 派發便利貼和筆給各組員
2. 請組員填寫自己的心情指數（由1至10，1是心情最差，10是心情最好）
3. 填完可直接交給工作員或「樂齡之友」

經驗分享

- ▶ 組員往往珍惜彼此分享心情的時刻，所以工作員可鼓勵各個組員都記錄當刻的心情，讓大家彼此看見，這樣有助增加組員的動力，令小組更團結
- ▶ 為了減輕組員的壓力，工作員可派發「便利貼」給每一位組員自己填寫今天的情緒指數
- ▶ 收集所有便利貼後，「樂齡之友」可協助計算組員情緒的平均數

活動 2

我是誰？ 10分鐘

☆ **目的：** 讓組員互相認識，並介紹工作人員

☆ **物資：**
- 名牌
- 筆

☆ **步驟：**
1. 派發名牌及筆給各組員
2. 請各組員在名牌上寫上自己的稱呼
3. 工作員作簡單的自我介紹
4. 邀請組員輪流自我介紹（例如：稱呼、嗜好等等）（簡報S1 第7至8頁）

經驗分享

▶ 長者大多對精神健康有一定的忌諱。建議小組不使用「治療」或「認知行為治療」等字眼；改以「參與課程」來命名小組能減低污名，增加積極性之餘，更能讓組員有能力及成就感

▶ 工作員可於這個活動中識別有特別需要的長者，例如不識字、聽力有問題等，並加以協助。在往後的小組內容與物資方面，亦可因應組員的需要而調整

活動 3

音樂傳球 15分鐘

☆ **目的：** 破冰，加深組員對彼此的了解

☆ **物資：**
- 球／公仔
- 音樂

☆ **步驟：**
1. 介紹活動玩法（簡報S1 第9至15頁）
2. 播放音樂，開始傳球
3. 當音樂停止，手上執住球的組員需要嘗試講出其中兩位組員的名字，並回答一條關於自己的問題（例如：你最喜愛的食物是甚麼？你現在或以前有過寵物嗎？）
4. 重複步驟 2 及 3
5. 工作員可嘗試把相同背景的組員串連起來，並作簡單總結

經驗分享

▶ 小組早期，長者或較被動，工作員可預先準備一系列問題，有需要時給長者選擇。另外，盡量避免組員提出過於私隱的問題，亦可告知組員，若不想回答，可以選擇不回答，這有助創造安全與自主的氛圍，鼓勵他們多參與

▶ 留意第一節是建立小組的氛圍，同工可以鼓勵每位組員分享。需留意組員的回答是否太詳盡，同工可以積極介入，提醒簡短作答即可

▶ 長者很多時都重視關係，亦會因被記念而增加參與的動力。這對抑鬱的長者尤其重要。同工可以在課節之間加入一些個人化的元素，例如這節了解組員喜愛的食物後，可在下節預備相關的食物一起分享，從而增加他們對小組的歸屬感

活動 4

齊來定守則 ⏱10分鐘

☆ **目的：** 訂立小組守則

☆ **物資：**

- 白板
- 白板筆

☆ **步驟：**

1. 邀請組員分享他們期望大家在小組內應有的態度或守則（簡報S1 第16至18頁）
2. 工作員作補充不可或缺的守則，例如：尊重他人、互相包容、積極參與、遵守保密原則
3. 工作員總結並記錄共同訂下的小組守則

經驗分享

- ▶ 工作員應多鼓勵組員主動提出小組守則，有需要時才作最後補充
- ▶ 重複提醒小組守則
- ▶ 多提醒組員在小組內越投入越有好處，例如：可以學習更多，認識更多

活動 5

小組為何？ ⏱15分鐘

☆ **目的：** 講解小組目標，並讓組員初步認識認知行為治療

☆ **步驟：**

1. 工作員講解小組目標，建立組員的合理期望
   - ▶ 工作員以簡單例子介紹認知行為治療的理念，以及思想、情緒、行為之間的關係（簡報S1 第19至21頁）

經驗分享

- ▶ 長者比較難理解概念化的解說，與他們討論時，多用日常相關的處境講解和提問，吸引長者多作回應，令他們更易掌握，如問：在某種情況下，你估計你的身體反應會怎樣？
- ▶ 用組員自身，或是共通的例子去講解，較易引起共鳴
- ▶ 此部分只是簡單介紹認知行為治療的理念，組員只要能理解同一件事可以有不同的想法和引致不同的情緒已足夠
- ▶ 著重帶出小組目標是通過調整想法和行為去處理情緒
- ▶ 可用陳婆婆的故事，或用耳熟能詳的故事／劇情去講解

休息10分鐘

活動 6

連結的力量 30分鐘

☆ **目的：** 了解組員對小組的期望，協助組員訂立個人目標，增強小組的連結

☆ **物資：**

- 細豆袋
- 白色標籤貼紙
- 筆
- 尼龍繩球
- 心意卡

☆ **步驟：**

1. 派發豆袋及筆給各組員
2. 請各組員思考近期生活中遇到的一個難題或壓力來源，將其寫在標籤貼紙後並貼在豆袋上（簡報S1 第22至23頁）
3. 邀請願意的組員作簡單分享（強調組員可選擇不作分享）
   a. 你正面對的困難／壓力是甚麼？
   b. 你最理想的情況是怎樣？
4. 工作員感謝組員的分享，並就他們的分享作小總結，帶出每個人都是獨特的，各有自身面對的難題或重擔
5. 介紹拋繩球活動的玩法：
   a. 組員圍圈站好，並輪流講一次自己的名字，讓其他人記好
   b. 由其中一位組員開始，手執尼龍繩球的一端
   c. 邀請該組員分享對小組的期望或個人目標，然後將繩球拋給另一位組員（拋球給對方前須先說出對方的名字）
   d. 重複步驟c及d，直至繩子織出一個結實的網，足以承載組員的豆袋
6. 工作員作小總結，指出有些期望是共同且在此小組內實行得到的，亦有一些是較個人化的。工作員可藉此機會管理組員的期望，並再次闡明認知行為治療小組的目標。
7. 邀請組員在心意卡上寫下自己希望在小組達到的目標

經驗分享

- 長者訂立的目標較模糊，例如「開心啲」，同工可用問題去協助他們將目標具體化，例如：「重拾開心的你會有甚麼表現？日子跟現在有甚麼不同？你看事情的方向會有甚麼改變？」留意組員訂立的目標是否與小組目的相符，以釐清小組目的及管理組員對小組的期望
- 如場地受到限制，可用其他活動代替
- 若時間不足，可請組員直接填寫壓力來源，以及訂立和分享個人目標

活動 7 情緒探熱針 20分鐘

☆ **目的：**

1. 組員可借用情緒探熱針來了解自己的情緒狀態
2. 介紹情緒探熱針的用處，並讓他們開始適應這種填寫小習作的學習／練習模式

☆ **本週練習：**

- 「情緒探熱針」——記錄一星期心情

☆ **物資：**

- 「情緒探熱針」工作紙（附錄練習 01）
- 筆

☆ **步驟：**

1. 派發工作紙及筆給各組員
2. 工作員講解情緒探熱針的用處（簡報片S1 第24至26頁）
3. 請組員在表情圖中圈選出一個最能形容他們現時情緒的面孔。如組員表示沒有一個面孔適用，可邀請並協助他寫出或畫出最能形容現時狀況的情緒；若組員仍未能寫出或畫出來，可邀請他口頭表述整體上情緒的好壞程度（是好心情，還是壞心情）
4. 請組員在探熱針上從 0至10 分中圈選出一個數字，以代表該情緒的強弱程度（0 分代表完全沒有，10 分代表最強）
5. 邀請願意的組員分享其情緒及導致該情緒出現的原因或因素

經驗分享

- 由於很多長者視低學歷為負面形象，因而較易對填寫工作紙及書寫感到抗拒。同工可加多點創意，在物資或小組過程中，用不同的方式去增加趣味或美感，如用彩色列印的工作紙、插上羽毛的筆等，能有助長者減低抗拒的感覺
- 很多長者對於以分數來表達會感到陌生，同工宜先把 0 至 10 分列出，並與組員一起討論不同分數的分別。長者掌握物件的材料後，會有助減低焦慮，增加掌控感、成功感與歸屬感，亦更易鼓勵他們運用新技巧
- 工作員講解情緒探熱針的用處時，可以身體檢查作比喻，帶出情緒探熱針能增加自己對情緒健康的敏銳度
- 組員或對不同的情緒面孔較為陌生，工作員可逐一介紹
- 由於長者能專注的時間較短，在分享情緒探熱針時，可以主題式分享，例如針對某一情緒作分享，可以問「這星期你有甚麼不開心……」，然後再問大家有甚麼事影響心情

活動 8

總結及安排小練習 5分鐘

☆ **目的：** 總結本節學習重點，並安排家課小練習

物資：

- 「情緒探熱針」工作紙（附錄練習 01）

☆ **步驟：**

1. 工作員邀請組員分享對於本節的感想及疑問（簡報S1 第27至29頁）
2. 工作員作解答提問小總結，並就著組員的分享，總結他們的得著及本節的學習重點
3. 按「情緒探熱針」工作紙的要求，安排小練習，闡明小練習的目的
4. 講解如何完成工作紙，邀請組員在往後一星期的其中三天填寫「情緒探熱針」，並記錄出現該情緒的原因
5. 討論當中會出現的挑戰以及解決方法
6. 感謝組員的積極參與，並鼓勵他們完成工作紙後在下一節帶回小組

經驗分享

- 對於新穎而陌生的事情，長者很需要成功感。在派發第一次家課小練習時，最理想的做法是在課堂上先填寫第一篇。同工亦可因應對長者的認識，調整填寫的方法，例如以選擇圖片代替寫字
- 填寫「情緒探熱針」時，應盡量以事件為本，說明該事件引起的情緒種類和程度
- 對於不識字的長者，可安排「樂齡之友」或朋輩支援員致電詢問並代為填寫
- 第一次的家課經驗會影響長者之後對家課的參與。同工應盡量提供協助與多作提醒，讓長者把家課與個人處境連結起來

第二節 情緒知多少，身體最誠實

目標

1. 認識情緒及其功用
2. 學習常見的情緒（包括喜、怒、哀、懼）及不同的情緒字眼
3. 提高組員對自身情緒的認識及意識
4. 認識壓力或負面情緒出現時的身體反應或訊號
5. 學習呼吸鬆弛練習

小組內容

活動1 這一刻的心情 5分鐘

☆ **目的：** 了解組員開組前的情緒

☆ **物資：**

- 大組「情緒恆生指數」（附錄練習 16）（謹記每次用同一張，以累積組員心情的上落）
- 個人「情緒恆生指數」（附錄練習 16）
- 簡報S2

☆ **步驟：**

1. 邀請每個組員記錄開組前自己的心情（簡報S2 第2至4張頁）

經驗分享

- ▶ 長者往往珍惜彼此分享心情的時刻，所以工作員可鼓勵各個組員都記錄當刻的心情，讓大家彼此看見，這樣有助增加組員的動力，令小組更團結

活動2 溫故知新 15分鐘

☆ **目的：** 了解組員在完成小練習時是否遇到困難

☆ **物資：**

- 「情緒探熱針」工作紙（附錄練習 01）

☆ **步驟：**

1. 邀請組員分享
2. 詢問組員在完成小練習時是否遇到困難或疑問，協助他們解答有關問題，並加以指導（如有需要，可微調小練習的要求或難易程度）（簡報S2 第7至11頁）
3. 邀請組員分享在過去一星期進行了甚麼減壓或放鬆活動
4. 工作員作小總結
5. 提醒組員小練習的目的，感謝組員嘗試完成小練習的努力

經驗分享

- ▶ 由於第一次的經驗會影響長者之後對於家課的參與。同工要於這次建立分享家課的常規。與長者分享家課，有助推動他們在日常實踐，增進組員之間互相支持的力量。如有組員忘記填寫，應即場協助他分享今天或昨天的情緒探熱針，讓每位組員也有機會練習和分享，建立常規
- ▶ 由於長者的專注力較易分散，在分享情緒探熱針時，可以主題式分享，例如針對某一情緒作分享，如問：「這星期大家有甚麼不開心……」，然後再問大家有甚麼事影響心情。由於是第一節，同工可以基於小組氣氛及關係，決定分享不同情緒的先後次序

活動 3

情緒知多少 20分鐘

☆ **目的：** 學習常見的情緒（包括喜、怒、哀、懼）及不同的情緒字眼

☆ **物資：**

- 「情緒面譜」工作紙（附錄練習 06）

☆ **步驟：**

1. 邀請組員講出他們所認識的情緒（簡報S2 第12至30頁）
2. 派發「情緒面譜」工作紙
3. 3至4人一組，請組員圈出日常出現得最多的情緒面譜（簡報S2 第31頁）
4. 與其他組員分享：「甚麼事情令你產生這種情緒呢？」
5. 工作員帶領組員逐一檢視情緒字眼，並選取其中的一些字眼，邀請組員分享曾有該些情緒出現的情況

經驗分享

- 長者或對情緒感到陌生，甚至覺得不應提及或不應分享不好的情緒，因為這會帶給別人負擔，或是令自己難受。工作員可以提醒長者有情緒是正常的，解釋「認識」及「為情緒命名」的重要性

活動 4

情緒的功用 15分鐘

☆ **目的：** 認識情緒及其功用

☆ **物資：**

- 有關情緒短片

☆ **步驟：**

1. 工作員播放影片（簡報S2 第33至42頁）
2. 工作員帶領討論下列問題：每人也有不同的情緒，沒有好與壞之分，而且每一種情緒也有其功用，你還記得影片主角所遇到的情緒，以及其表達情感的方式（如身體姿態、言語、語調、語言等）嗎？
3. 工作員引導組員思考及討論情緒的功用

經驗分享

- 長者較易吸收日常生活上的例子。同工可用劇集或與長者日常生活相近的短片，以增加共鳴
- 同工亦可用組員共通的例子及情境去引發討論，尤其是長者常用的情緒字眼，代替文案中的情緒字眼並加以解說（例如：以「騰雞」代替「焦慮」）
- 長者容易把某些情緒歸類為「好或壞，有用或無用」，工作員應加以引導，讓組員了解情緒並沒有好壞之分，重點是情緒的強烈程度，以及回應情緒的方法會否太過影響生活

休息10分鐘

活動 5 情緒字眼逐個捉 10分鐘

☆ **目的：** 複習情緒字眼，透過遊戲引發較為緊張的身體反應

☆ **物資：**

- 包含情緒字眼的短篇故事

☆ **步驟：**

1. 工作員講解遊戲玩法（簡報S2 第43至44頁）
2. 邀請組員圍圈，並依工作員指示放好雙手
3. 工作員朗讀一個包含情緒字眼的短篇故事，當聽到情緒字眼的時候，組員需依指示縮回左手食指及以右手捉緊右邊組員的食指
4. 遊戲後，工作員即時帶領組員感受身體的變化，如心跳、呼吸加快、肌肉緊張等，先邀請組員記住這些身體感覺

活動 6 壓力訊號燈 20分鐘

☆ **目的：** 認識壓力或負面情緒出現時的身體反應或訊號

☆ **物資：**

- 「人形」工作紙（附錄練習17）
- 「齊來鬆一鬆」工作紙（附錄練習 05）
- 筆

☆ **步驟：**

1. 派發「人形」工作紙及筆給組員（簡報S2 第45至50頁）
2. 將組員分成3人一組，討論當壓力或負面情緒出現時，身體會出現的反應或訊號（例如心跳加速、冒汗、頭暈、面紅等）
3. 工作員講解壓力或負面情緒出現時的身體反應或訊號
   a. 工作員可再問組員在開心或放鬆時，這些部位有否出現壓力反應，以加強壓力／情緒與身體反應的關係
   b. 如合適，工作員解說時再邀請組員圈出身體最先出現的壓力反應，以及有最強烈反應的部位；「身體最先出現的壓力反應」可以成為情緒訊號燈，而最強烈反應的部位，在做鬆弛練習時可重複針對那個地方
4. 小組討論：
   工作員向組員介紹「齊來鬆一鬆」工作紙，當中有不同的紓緩壓力活動，同時鼓勵組員選擇數個適合自己的活動，並與其他組員討論一下何時和如何進行；最後工作員作簡單總結（簡報S2 第51頁）

經驗分享

- ▶ 長者很多時都不太留意身體的反應，工作員如發現組員無法說出身體的反應，可以由頭部開始，簡介身體每部分有可能出現的反應，讓組員在人形工作紙上圈出或畫出自己身體有反應的部分
- ▶ 為方便長者的手眼協調，可列印「人形」工作紙為 A3尺寸

活動 7

呼吸鬆弛練習 15分鐘

☆ **目的：**學習呼吸鬆弛

☆ **物資：**

- 有關呼吸練習的短片

☆ **步驟：**

1. 工作員可考慮播放短片或自行帶領（簡報S2 第52至53頁）
2. 首先叫組員閉上眼睛，把注意力集中在自己的呼吸上，呼吸要慢，自然暢順
3. 吸氣的同時心裡數 1、2、3，停，然後呼氣
4. 盡量把注意力集中在呼吸上，可合上眼睛，想像空氣由鼻子吸入，經咽喉去到肺部，然後慢慢排出
5. 每次練習大約 5 至 10 分鐘

經驗分享

- 長者訂立的目標較模糊，例如「開心啲」，同工可用問題去協助他們將目標具體化，例如：「重拾開心的你會有甚麼表現？日子跟現在有甚麼不同？你看事情的方向會有甚麼改變？」留意組員訂立的目標是否與小組目的相符，以釐清小組目的及管理組員對小組的期望
- 如場地受到限制，可用其他活動代替
- 若時間不足，可請組員直接填寫壓力來源，以及訂立和分享個人目標

活動 8

總結及安排小練習 5分鐘

☆ **目的：**總結本節學習重點，並安排家課小練習

☆ **本週練習：**

- 「情緒探熱針」—— 記錄一星期心情

☆ **物資：**

- 「情緒探熱針」工作紙（附錄練習 01）

☆ **步驟：**

1. 工作員邀請組員分享對本節的得著及疑問
2. 工作員作解答提問小總結，並就著組員的分享，總結組員的得著及本節的學習重點（簡報S2 第54至57張）
3. 派發小練習「情緒探熱針」工作紙
4. 工作員講解如何完成工作紙，鼓勵組員繼續記錄情緒，並於下一節前嘗試進行最少一次減壓活動，以及練習一次呼吸鬆弛
5. 感謝組員的積極參與，並鼓勵他們完成工作紙後在下一節帶回小組

活動 9

這一刻的心情 5分鐘

☆ **目的：**了解組員開組後的情緒

☆ **物資：**

- 大組「情緒恆生指數」（附錄練習 16）
- 個人「情緒恆生指數」（附錄練習 16）

☆ **步驟：**

1. 邀請每個組員記錄開組後自己的心情（簡報S2 第58至60頁）
2. 留意情緒在不同活動後可能會轉變

經驗分享

▶ 長者有時需要具體的呈現來幫助他們總結經驗。用大張的「情緒恆生指數」圖紙，有助他們形象化地展示活動前後心情的改變，以及讓其他組員彼此看看，增加連結

第三節 壓力人人有

目標

1. 識別壓力常見的成因及來源
2. 學習壓力常見的反應
3. 學習區分有益及無益的壓力
4. 簡介從不同方面入手處理壓力，以及認知行為治療的四個核心組件
5. 學習漸進式肌肉鬆馳法

小組內容

活動1 這一刻的心情 （5分鐘）

目的：了解組員開組前的情緒

物資：
- 大組「情緒恆生指數」（附錄練習 16）
- 個人「情緒恆生指數」（附錄練習 16）
- 簡報S3

步驟：
1. 邀請每個組員記錄開組前自己的心情（簡報S3 第2至4頁）

活動2 溫故知新 （15分鐘）

目的：了解組員在完成小練習時是否遇到困難；提高他們對自身情緒的認識及意識

物資：
- 「情緒探熱針」工作紙（附錄練習 01）
- 「齊來鬆一鬆」工作紙（附錄練習 05）

步驟：
1. 邀請組員分享（簡報 S3 第7至11頁）
   a. 可鼓勵組員分享不同的情緒，以及相應事件
   b. 如合適，工作員可帶出牽動組員情緒的共通事件
   c. 分享在進行減壓活動和呼吸鬆弛練習時遇到的困難和完成後的感受
2. 詢問組員在完成小練習時是否遇到困難或疑問，協助他們解答有關問題，並加以指導（如有需要，可微調小練習的要求或難易程度）
3. 工作員作小總結
   a. 工作員可帶出每個人的情緒是不斷變化的，而「情緒探熱針」有助提高他們對自身情緒的認識及意識
4. 提醒組員小練習的目的，感謝組員嘗試完成小練習的努力

經驗分享

- 長者容易怕自己做錯或是不懂做練習，工作員可對他們多加肯定，以及釐清練習目的

- 長者自身或組員的處境最能吸引大家的專注力與思考。當組員分享時，工作員可加以詢問或留意合適的例子，在之後的活動（例如討論思想陷阱）中，盡量引用他們的例子
- 工作員可以考慮用獎勵形式，鼓勵組員完成小練習（例如送贈印花卡，又或在最後一節送出小禮物，例如餅乾、毛巾等）

活動 3

壓力何來？ 30分鐘

☆ **目的：** 識別壓力的常見成因，引導組員思考現時自身面對的困擾或壓力來源，並學習區分有益及無益的壓力

☆ **物資：**

- 「壓力何來」工作紙（附錄練習 02）
- 筆

☆ **步驟：**

1. 工作員講解甚麼是壓力、壓力的常見成因和風險因素（簡報S3 第13至40頁）
2. 派發工作紙及筆給各組員
3. 邀請組員一同思考並引導組員思考現時自身面對的困擾及壓力來源，並填寫在工作紙上
4. 填寫後，邀請組員為每個壓力來源打分數，以表示該壓力對自身（包括情緒、社交、日常生活等）的影響（0 分代表沒有影響，10 分代表非常影響）
5. 工作員講解壓力的常見反應，壓力的功用，以及如何區分有益及無益的壓力

經驗分享

- 工作員可以根據自己對組員的了解，增加某些壓力來源，或是著重帶出組員共同面對的壓力來源
- 長者常見的壓力來源，往往是：家庭關係／照顧家人（例如不懂照顧較自己年長的家人／不夠資源／不知道如何找資源），然而，長者有時會認為是責任，不該說成是壓力，甚或是不明白甚麼是壓力。工作員可以在此多作討論，解釋壓力的功能或過多壓力的影響，例子：中學生考試／湊孫（太緊張很辛苦／孫兒不喜歡），例子越貼近生活對參加者越好

活動 4

減壓我有計 (25分鐘)

☆ **目的：** 簡介從不同方面入手處理壓力，以及認知行為治療的四個核心組件

☆ **物資：**

- 「減壓招數」工作紙（附錄練習 04）

☆ **步驟：**

1. 工作員以壓力情境為例子，簡介認知行為治療的四個核心組件，包括認知、情緒、行為及身體反應（簡報S3 第41至51頁）
2. 工作員簡單預告稍後幾節的內容，是圍繞四個核心組件去處理負面情緒或壓力反應
3. 派發「減壓招數」工作紙及筆給各組員，邀請組員圈出他們認為有用或有效的招數，或邀請組員分享一個他們認為可以減壓的招數

經驗分享

- 具體事件有助長者互相討論。在小組中，可以用此時此刻共同的經歷作為例子。如果發現組員因家課練習而產生壓力或有不同反應，就可以「做家課」作為例子，並解釋事件中的四個核心組件
- 把物資個人化，會更有助長者願意在生活中運用這些減壓方法。所以組員分享完他們的減壓方法後，工作員可嘗試製作圖片，例如組員喜歡坐某條巴士路線放鬆，可製作巴士圖，用作提醒他可以做的減壓活動

休息10分鐘

活動 5

漸進式肌肉鬆弛 (20分鐘)

☆ **目的：** 學習漸進式肌肉鬆弛法

☆ **物資：**

- 漸進式肌肉鬆弛影片

☆ **步驟：**

1. 開始前，可詢問組員在完成「情緒逐個捉」遊戲一段時間後，身體反應有否改變（例如心跳、呼吸是否依然急促？肌肉依然緊張？）從而加深組員對身心相連，以及不同情緒會帶來不同的身體反應的認識和印象（簡報S3 第52至61頁）
2. 工作員帶領並教導漸進式肌肉鬆弛法的每一組動作
3. 工作員與組員一起複習一次每組動作
4. 播放漸進式肌肉鬆弛影片或由工作員帶領漸進式肌肉鬆弛
5. 工作員詢問組員完成鬆弛練習後的感覺，並解答疑問及帶領討論
6. 如有時間，可考慮練習腹式呼吸

經驗分享

- 部分長者不太善於用力繃緊肌肉，在做漸進式肌肉鬆弛練習前，工作員可以帶領暖身動作，並強調繃緊肌肉的作用，然後用一、兩個繃緊動作來觀察組員的情況，以及鼓勵在身體許可情況下多用力
- 長者未必能跟隨影片或聲帶的速度，工作員可因應組員的特性，自行帶領漸進式肌肉鬆弛練習

- 過程中工作員應與組員一起練習，能起帶頭作用，以及更有效地示範正確的姿勢
- 可解釋每個動作會引致相應肌肉拉緊，並留意組員動作是否正確
- 提醒組員不用勉強自己，可留意身體的限制，量力而為
- 長者在活動中很常出現負面想法，例如：我很差、跟不上、我身體很痛怎可能做到、為甚麼別人做到我卻做不到、我是否做錯等；工作員可以把握這個介入的黃金機會，用四小碟來討論，亦可加以解說練習的重點和目的，以及簡單討論這些負面想法對組員是否有幫助

活動 6

總結及安排小練習 （10分鐘）

☆ **目的：** 總結本節學習重點，並安排家課小練習

☆ **本週練習：**

- 「情緒探熱針」—— 記錄一星期心情

☆ **物資：**

- 「情緒探熱針」工作紙（附錄練習 01）
- 「齊來鬆一鬆」工作紙（附錄練習 05）

☆ **步驟：**

1. 工作員邀請組員分享對本節的得著及疑問
2. 工作員作解答提問小總結，並就組員的分享，總結組員的得著及本節的學習重點（簡報S3 第62至65頁）
3. 派發小練習「情緒探熱針」及「齊來鬆一鬆」工作紙
4. 工作員講解如何完成工作紙，鼓勵組員繼續記錄情緒，並於下一節前嘗試進行最少一次減壓活動
5. 感謝組員的積極參與，並鼓勵他們完成工作紙後在下一節帶回小組

經驗分享

- 練習重點並非要指出對與錯，而是願意嘗試，以及增加對自身情緒的認識

活動 7

這一刻的心情 （5分鐘）

☆ **目的：** 了解組員開組後的情緒

☆ **物資：**

- 大組「情緒恆生指數」（附錄練習 16）
- 個人「情緒恆生指數」（附錄練習 16）

☆ **步驟：**

1. 邀請每個組員記錄開組後自己的心情（簡報S3 第66至68頁）
2. 留意情緒在不同活動後可能會轉變

第四節 由「思想」而生的「情緒」（上）

目標

1. 認識事件、思想與情緒之間的關係
2. 明白不同的解讀（思想／想法）會帶來不同的感受
3. 認識不同的思想陷阱／地雷，以及它們對情緒的影響

小組內容

活動 1 這一刻的心情 5分鐘

☆ **目的：** 了解組員開組前的情緒

☆ **物資：**

- 大組「情緒恆生指數」（附錄練習 16）
- 個人「情緒恆生指數」（附錄練習 16）
- 簡報S4

☆ **步驟：**

1. 邀請每個組員記錄開組前自己的心情（簡報S4 第2至4頁）

活動 2 溫故知新 10分鐘

☆ **目的：** 了解組員在完成小練習時是否遇到困難

☆ **物資：**

- 「情緒探熱針」工作紙（附錄練習 01）
- 「齊來鬆一鬆」工作紙（附錄練習 05）

☆ **步驟：**

1. 邀請組員分享（簡報S4 第7至12頁）
   a. 分享在進行減壓活動和呼吸鬆弛／漸進式肌肉練習時遇到的困難和完成後的感受
2. 詢問組員在完成小練習時是否遇到困難或疑問，協助他們解答有關問題，並加以指導（如有需要，可微調小練習的要求或難易程度）
3. 邀請組員分享在過去一星期進行了甚麼活動令心情有所改善
4. 工作員作小總結
5. 提醒組員小練習的目的，感謝組員嘗試完成小練習的努力

活動 3

思想與情緒的關連 （40分鐘）

☆ **目的：** 認識事件、思想與情緒的關連；帶出同一情境，可以有不同的解讀（想法）；不同的解讀（想法）會帶來不同的感受

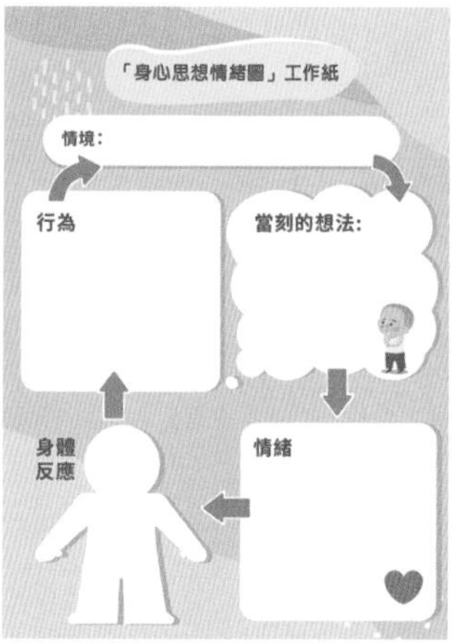

☆ **物資：**

- 「身心思想情緒圖」工作紙（附錄練習 07）
- 「心情故事 」 一及二（附錄練習 08）
- 「陳婆婆的故事」影片（簡報S4 第15及19頁）

☆ **步驟：**

1. 簡單重溫認知行為治療的四個核心組件，包括認知（想法）、情緒、行為及身體反應（「身心思想情緒圖」工作紙）（簡報S4 第13至23頁）
2. 工作員用說故事的方式，帶領組員將故事一主角身上發生的狀況分類為認知（想法）、情緒、行為及身體反應（「身心思想情緒圖」工作紙）
3. 工作員說出故事二，引導組員將故事二中]主角身上發生的狀況分類為認知、情緒、行為及身體反應（「身心思想情緒圖」工作紙）
4. 工作員引導組員想像面對與主角一樣的情境，思考是甚麼改變了而令主角的情緒可以有所不同，帶出思想與情緒之間的關係
5. 工作員帶出人容易混淆想法與事實，引導組員思考「想法」與「事實」的分別，以及分清它們的重要，尤其帶出情境未必可以改變，但思想卻可以，而改變思想可以讓情緒也得到改變

經驗分享

- 有些長者對於「想法」的概念相對陌生，或是不易分辨和表達，工作員可以花點時間，用組員自身的例子去解釋。亦可多留意長者用甚麼詞語去表達，常見的如：「諗法」、「睇法」、「我覺得佢……」、「我諗起」等等
- 由於長者集中力較弱，容易被自己關心的事件所吸引，在討論陳婆婆的例子時，容易將重點放在討論其他事情上，例如現時年青人與父母溝通的方式、婆媳關係等，工作員可協助組員重新將專注力放回故事主角身上，帶出不同的想法會呈現兩個不同的故事結果的重點
- 如果組員熱烈討論自己的處境，那便是介入的黃金機會。工作員可把握這時機，用一個具體片段，與小組一起討論在同樣處境時，可以有甚麼不同的想法。例子可以不同，只要能帶出此練習的目的便可。
- 長者需要多些視覺提示。工作員可以放大印刷「身心思想情緒圖」工作紙並貼在牆上，或把「身心思想情緒圖」的方框預先寫在白板上，在討論主角的狀況時與組員即時填寫一次，以便更立體地呈現兩個情境的不同之處，同時亦方便教導組員如何填寫「身心思想情緒圖」工作紙

休息10分鐘

活動 4

小組練習 ⏱15分鐘

☆ **目的:** 簡介從不同方面入手處理壓力，以及認知行為治療的四個核心組件

☆ **步驟:**

1. 3至4 人一組
2. 每組安排不同的情境，讓組員想一想如果你是他／她，你會有甚麼……（簡報S4 第24頁）
    - a. 想法:思維、思想、解釋
    - b. 情緒:感受、心情、內心的感覺
    - c. 身體反應:生理上的反感
    - d. 行為:實質的行動

經驗分享

- 最能吸引長者討論的，往往是組員真實的處境。工作員可以重用情緒溫度計的分享，或較早節數分享的例子，讓組員討論
- 工作員可以放大印刷「身心思想情緒圖」工作紙並貼在牆上，有助組員把不同的狀況分類
- 長者較易掌握如何去描述情境，或是用很概括的道理去講述事件。工作員可以多用開放式的提問技巧，例如:「當時邊一刻你最大反應？」「嗰刻咩嘢令你咁難受？你覺得發生緊咩事？」「你覺得對方點解咁做？」「你如何看自己？」「當時你腦海中出現了甚麼想法？」這有助工作員和組員了解自己的思想陷阱

活動 5

當思想變成陷阱 ⏱25分鐘

☆ **目的:** 讓組員認識不同的思想陷阱／地雷，以及它們對情緒的影響

☆ **物資:**

- 「思想陷阱／地雷類型一覽表」（附錄練習 09）
- 「心情故事一及二」（附錄練習 08）

☆ **步驟:**

1. 講解:
    - a. 每個人都有一些思考的習慣，這些習慣是由多年來各種經驗累積而來，容易令我們對事情不自覺地下了判斷，這些想法有時是合理的，有時是偏頗的;有時是正面的，有時是負面的
    - b. 如果不察覺自己的思考習慣，久而久之會習慣從負面角度去看事情，因而影響了自己的情緒甚至生活
2. 工作員派發「思想陷阱／地雷類型一覽表」，並引用例子加以講解（簡報S4 第25至31頁）
3. 用「心情故事一」中主角的想法做例子，邀請組員分析主角的思想陷阱類型
4. 講解:
    - a. 每個人或多或少有這些思想陷阱／地雷，一旦中了思想陷阱／地雷，情緒及行為就較易變得過度負面
    - b. 通過捕捉這些思想陷阱／地雷，然後調整想法，情緒會得到改善

經驗分享

- 有些長者因為分不清事件及想法，會較易從倫理角度去批判事情，甚至認為思想陷阱是用來指責他做錯的藉口。工作員應盡量使用簡單的例子去說明思想陷

阱，強調重點並非關乎對錯，而是該想法是否有幫助，以避免組員將注意力放在討論事件對錯上

- 如工作員能在前幾節中識別組員的思想陷阱或口頭禪（例如：我咩都唔識〔我甚麼都不懂〕、應該要、一定要……），或用情緒溫度計找出共同陷阱，便可假設為其他人的例子來幫助說明
- 對於新穎的概念，淺白、有趣或地道的說法更有助長者記起這些陷阱的特性。這些說法都是小組組員自己提供的。另外，製作一些視覺提示工具，例如小卡片——前面有陷阱，後面有反問句／提示句，對長者來說也是十分有幫助的

活動 6

總結及安排小練習 10分鐘

☆ **目的：** 總結本節學習重點，並安排家課小練習

☆ **本週練習：**

- 「情緒探熱針」—— 記錄一星期心情
- 「身心思想情緒圖」工作紙—— 記錄一次開心或負面情緒事件

☆ **物資：**

- 「情緒探熱針」工作紙（附錄練習 01）
- 「身心思想情緒圖」工作紙（附錄練習 07）

☆ **步驟：**

1. 工作員邀請組員分享對本節的得著及疑問（簡報S4 第32至34頁）
2. 工作員作解答提問小總結，並就著組員的分享，總結組員的得著及本節的學習重點
3. 派發小練習「情緒探熱針」及「身心思想情緒圖」工作紙
4. 感謝組員的積極參與，並鼓勵他們完成工作紙後在下一節帶回小組

經驗分享

- 對於新鮮而陌生的事情，長者很需要成功感。給予家課小練習時，最理想是長者在課堂內已經能填寫完第一篇。同工可因應對長者的認識，調整填寫方法，例如以選擇圖片／錄音代替寫字。

活動 7

這一刻的心情 5分鐘

☆ **目的：** 了解組員開組後的情緒

☆ **物資：**

- 大組「情緒恆生指數」（附錄練習 16）
- 個人「情緒恆生指數」（附錄練習 16）

☆ **步驟：**

1. 邀請每個組員記錄開組後自己的心情（簡報S4 第35至37頁）
2. 留意情緒在不同活動後可能會轉變

第五節 由「思想」而生的「情緒」（下）

目標

1. 覺察自己的思想陷阱
2. 認識抑鬱症的症狀及其風險因素
3. 為自己訂立活動有助紓緩負面情緒
4. 用行動轉換心情

小組內容

活動 1　這一刻的心情 5分鐘

☆ **目的：** 了解組員開組前的情緒

☆ **物資：**
- 大組「情緒恆生指數」（附錄練習 16）
- 個人「情緒恆生指數」（附錄練習 16）
- 簡報S5

☆ **步驟：**
1. 邀請每個組員記錄開組前自己的心情（簡報S5 第2至4頁）

活動 2　溫故知新 15分鐘

☆ **目的：** 了解組員在完成小練習時是否遇到困難

☆ **物資：**
- 「情緒探熱針」工作紙（附錄練習 01）
- 「身心思想情緒圖」 工作紙（附錄練習 07）

☆ **步驟：**
1. 請組員分享在進行減壓活動和呼吸鬆弛／漸進式肌肉練習時遇到的困難和完成後的感受（簡報S5 第7至14頁）
2. 詢問組員在完成小練習時是否遇到困難或疑問，協助他們解答有關問題，並加以指導（如有需要，可微調小練習的要求或難易程度）
3. 邀請 2至3 位組員分享「身心思想情緒圖」 工作紙的例子，帶領方式與上一節相同，工作員協助組員辨識引起負面情緒的主要思想（想法）陷阱並將它歸類
4. 工作員作小總結
5. 提醒組員小練習的目的，感謝組員嘗試完成小練習的努力

經驗分享

▶ 長者較易掌握如何去描述情境，或是用很概括的道理去講述事件。工作員可以多用開放式的提問技巧，有助了解組員的思想陷阱，例如:「當時邊一刻你最大反應？」「嗰刻咩令你咁難受？你覺得發生緊咩事？」「你覺得對方點解咁做？」「你如何看自己？」「當時你腦海中出現了甚麼想法？」這有助工作員和組員了解自己的思想陷阱

活動 3

捕捉負面想法 （30分鐘）

目的： 協助組員捕捉負面想法／自己的思想陷阱／地雷，提升覺察，「帶出負面情緒」背後往往有「負面想法」

物資：

- 「思想陷阱／地雷類型一覽表」（附錄練習 09）
- 「身心思想情緒圖」 工作紙（附錄練習 07）

步驟：

1. 工作員可以先讓組員分組討論，回想上一次出現負面情緒時，是因為甚麼事情？有哪些想法，情緒／身體反應和行動？（簡報S5 第15至20頁）
2. 工作員邀請組員圈選出自己最常有的思想陷阱
3. 於「身心思想情緒圖」 工作紙，畫上由這思想陷阱／地雷引起的負面情緒及身體反應
4. 解說：
   a. 改變負面思考習慣，敏銳與覺察負面思想的出現是很重要的，留意到才有機會改變
   b. 這些情緒及身體反應將是我們的訊號燈，當我們留意到這些訊號，就可以提醒自己學習停一停，問一問自己是否已經陷入了負面思想，甚至可以學習改變負面的思想

經驗分享

- 組員步伐各有快慢，有些組員可能在最初介紹思想陷阱時已能說出自身常中的陷阱，相反有些組員則需要更多時間理解，所以活動三及四的分界可能會較為模糊，工作員需靈活帶領
- 有些長者會認為「攬晒上身」是代表負責任的表現。討論時，工作員一方面可以肯定他們背後的心意，另一方面亦可討論這樣的想法，甚麼時候會令他們覺得辛苦，或是少了一份彈性去處理事情。緊記思想陷阱的重點並非關乎對錯，而是在當刻是否有幫助
- 如工作員能在前幾節中識別組員的思想陷阱或口頭禪，例如：我咩都唔識（我甚麼都不懂、應該要、一定要……，或用情緒溫度計找出共同陷阱，便可假設為其他人的例子來幫助說明
- 如組員不認為自己有思想陷阱，工作員可多作引導性發問，不必勉強。同時留意，有些長者對事情有很強烈的對錯觀念（非黑即白想法），工作員應盡量強調思想陷阱並非關乎對錯，而是該想法是否有幫助，以避免組員將注意力放在討論對錯上

休息 10 分鐘

活動 4　認識抑鬱症　20分鐘

☆ **目的：** 學習抑鬱症徵狀及其風險因素

☆ **物資：**
- 「抑鬱徵狀逐個捉」工作紙（附錄練習 03）
- 「減壓招數」工作紙（附錄練習 04）

☆ **步驟：**
1. 派發「抑鬱徵狀逐個捉」工作紙給組員（簡報S5 第21至27頁）
2. 將組員分為 2 人一組，給予 5 分鐘時間讓他們討論並完成工作紙
3. 每一組輪流講解他們的答案
4. 工作員逐一講解抑鬱症徵狀及其風險因素，讓組員對抑鬱症有更多了解，並明白在適當時候需尋求專業人士的協助
5. 強調留意到抑鬱症徵狀的話不用緊張，好好參考「減壓招數」工作紙做減壓活動

經驗分享

▶ 留意組員在工作紙上圈選出來的，是他們認為抑鬱症患者可能有的徵狀，而並非自身現時有的情況

▶ 如適合，可邀請組員分享曾經或現時有某些相關徵狀的經驗，以加深大家的認識

▶ 留意組員會否過分擔心徵狀，導致自我斷症，提醒要注意徵狀出現的強度和維持時間

活動 5　我的最愛　25分鐘

☆ **目的：**
- 讓組員為自己訂下一些喜歡的活動，有助紓緩負面情緒
- 帶出行為／活動可以調節情緒

☆ **物資：**
- 「活動一覽表」工作紙（附錄練習 15）
- 「我的日常活動表」（附錄練習 14）

☆ **步驟：**
1. 請組員選擇或為自己訂立五項自己最喜歡的活動，並寫下完成活動之後的快樂指數（由 1 到 10，1 最少開心，10 最多開心）（簡報S5 第28至34頁）
2. 帶出行為／活動可以調節情緒
3. 完成後，可以邀請組員分享他們所選擇或訂立的活動

活動 6 總結及安排小練習 (10分鐘)

☆ **目的：** 總結本節學習重點，並安排家課小練習

☆ **本週練習：**

- 「情緒探熱針」——記錄一星期心情
- 「活動一覽表」「我的日常活動表」工作紙——鼓勵組員完成一些讓自己開心的活動

☆ **物資：**

- 「情緒探熱針」工作紙（附錄練習 01）
- 「活動一覽表」工作紙（附錄練習 15）
- 「我的日常活動表」（附錄練習 14）

☆ **步驟：**

1. 工作員邀請組員分享對本節的得著及疑問
2. 工作員作解答提問小總結，並就著組員的分享，總結組員的得著及本節的學習重點（簡報S5 第35至39頁）
3. 派發小練習「情緒探熱針」和鼓勵組員完成自己選擇或訂立的活動（活動一覽表）
4. 感謝組員的積極參與，並鼓勵他們完成工作紙後並在下一節帶回小組

活動 7 這一刻的心情 (5分鐘)

☆ **目的：** 了解組員開組後的情緒

☆ **物資：**

- 大組「情緒恆生指數」」（附錄練習 16）
- 個人「情緒恆生指數」（附錄練習 16）

☆ **步驟：**

1. 邀請每個組員記錄開組後自己的心情（簡報S5 第40至42頁）
2. 留意情緒在不同活動後可能會轉變

第六節 培養感恩之心

目標

1. 明白感恩的重要性
2. 培養和表達感恩之心
3. 帶出「感恩」對培養正面思維與情緒的重要

小組內容

活動1 這一刻的心情 (5分鐘)

☆ **目的:** 了解組員開組前的情緒

☆ **物資:**

- 大組「情緒恆生指數」(附錄練習 16)
- 個人「情緒恆生指數」(附錄練習 16)
- 簡報S6

☆ **步驟:**

1. 邀請每個組員記錄開組前自己的心情(簡報S6 第2至4頁)

活動2 溫故知新 (20分鐘)

☆ **目的:** 了解組員在完成小練習時是否遇到困難

☆ **物資:**

- 「情緒探熱針」工作紙(附錄練習 01)
- 「活動一覽表」工作紙(附錄練習 15)

☆ **步驟:**

1. 邀請組員分享在進行呼吸鬆弛/漸進式肌肉練習時遇到的困難和完成後的感受(簡報S6 第7至12頁)
2. 邀請組員分享在過去一星期是否能夠完成已訂立的活動,過程中他們感到多開心?完成後又感到多開心?
3. 工作員作小總結
4. 提醒組員小練習的目的,感謝組員嘗試完成小練習的努力

經驗分享

▶ 工作員可以多用提問技巧:例如:「當時你腦海出現了甚麼想法?」「你如何看自己?」這有助工作員和組員了解自己的思想陷阱

活動 3

甚麼是正向思想？ 15分鐘

☆ **目的：** 讓組員明白正向思想的重要性

☆ **物資：**

- 「身心思想情緒圖」 工作紙（附錄練習 07）

☆ **步驟：**

1. 再一次強調思想對我們的影響，就像陳婆婆的故事（第四節），圖中每個範疇也可能影響其他範疇。如何去理解／解讀一件生活事件，可能會影響你身體上和情緒上的感覺，它也可改變你相應的行為（簡報 S6 第13至16頁）
2. 所以培養正向思想有助我們帶出正面的情緒和身體反應

活動 4

一念之間 20分鐘

☆ **目的：** 保持正面樂觀的重要性

☆ **物資：**

- 簡報S6 第17至20頁

☆ **步驟：**

1. 保持樂觀不代表要過分樂觀，重點是帶出挫折是生活中的一部分，我們應該要從挫折／失敗經驗中學習，接受自己可以做得不完美，只需要嘗試及盡力去做（簡報S6 第17至20頁）
2. 小組討論
   a. 樂觀的人是怎樣的呢？
   b. 如何成為一個樂觀的人？
3. 擴闊焦點：大部分人都只會著重於黑色的部分，卻忽略了其他白色的部分
4. 總結一下組員說出的重點（例如：樂觀的人會較堅持、勇於嘗試、懂得感恩、活得快樂、充滿希望等）

經驗分享

- 在討論感恩時，長者容易想像是重大事件，像是回顧人生有值得感恩的事（例如：有子孫、有宗教信仰、大病後康復等）；工作員可以帶出感恩亦可是日常中每時每刻值得感恩的小事（例如：吃了好吃的水果、聞到花香、太陽普照等）
- 長者對視覺提示會更深刻，所以工作員可多預備日常生活的圖片，例如在公園坐輪椅聊天的長者，以此引起討論圖片中大家留意到的部分，以及可感恩的部分
- 即時的經驗對長者會更易掌握。工作員可解釋透過多感恩日常中的小事，心情也會有所提升。每位組員分享一件感恩事件後，工作員可詢問組員此刻感覺如何（多是感覺良好）

休息 10 分鐘

活動 5

培養感恩之心（第一步）20分鐘

☆ **目的：**

- 介紹改善負面思考習慣的三步曲：「感恩，反問，轉念」的第一步
- 帶出「感恩」對培養正面思維與情緒的重要

☆ **物資：**

- 「感恩之心」工作紙（附錄練習 18）

☆ **步驟：**

1. 工作員簡單介紹改善負面思考習慣的三步曲：「感恩，反問，轉念」（簡報S6 第21至35頁）
2. 全體活動：感恩鏈
   a. 工作員可先開始：向其中一位組員表達你對他／她的感恩之心
   b. 然後再由這位組員向其他人表達自己對他／她的感恩之心，如此類推，直至所有同學完成
3. 感恩之心
   工作員先分享生活中一件感恩的事，然後再邀請每位組員分享一件感恩事件，再試填「感恩之心」工作紙
4. 總結：
   研究指出，感恩與人們的幸福感（mental wellbeing）、人際關係、情緒和生活滿意度有正面的關係。感恩之心是可以培養出來的，正如半杯水的比喻。另外，及時表達感恩之心也是重要的一環，有助增強人與人之間的關係

活動 6

總結及安排小練習 10分鐘

☆ **目的：** 總結本節學習重點，並安排家課小練習

☆ **本週練習：**

- 「情緒探熱針」—— 記錄一星期心情
- 「身心思想情緒圖」 工作紙—— 記錄一件負面情緒的事件
- 「我的感恩日記」—— 每天記錄一件感恩的事件

☆ **物資：**

- 「情緒探熱針」工作紙（附錄練習 01）
- 「身心思想情緒圖」工作紙（附錄練習 07）
- 「我的感恩日記」工作紙（附錄練習 10）

☆ **步驟：**

1. 工作員邀請組員分享對本節的得著及疑問（簡報S6 第36至39頁）
2. 工作員作解答提問小總結，並就著組員分享總結組員的得著及本節的學習重點
3. 派發小練習「情緒探熱針」工作紙、「身心思想情緒圖」 工作紙及「我的感恩日記」工作紙
4. 感謝組員的積極參與，並鼓勵他們完成工作紙後並在下一節帶回小組

經驗分享

▶ 可以鼓勵組員拍攝照片來分享並製作感恩日記；工作員亦可搜集屋邨附近景物的圖片，以引起長者的興趣，並提醒他們平日可多留意

活動 7

這一刻的心情（5分鐘）

☆ **目的：** 了解組員開組後的情緒

☆ **物資：**

- 大組「情緒恆生指數」（附錄練習 16）
- 個人「情緒恆生指數」（附錄練習 16）

☆ **步驟：**

1. 邀請每個組員記錄開組後自己的心情（簡報S6 第40至42頁）
2. 留意情緒在不同活動後可能會轉變

第七節 新思維，新生活

目標

1. 協助組員學習反問負面想法，並建立健康且有助紓緩情緒的想法／句子
2. 協助組員建立有效紓緩情緒的方法

小組內容

活動1 這一刻的心情 5分鐘

☆ **目的：** 了解組員開組前的情緒

☆ **物資：**

- 大組「情緒恆生指數」（附錄練習 16）
- 個人「情緒恆生指數」（附錄練習 16）
- 簡報S7

☆ **步驟：**

1. 邀請每個組員記錄開組前自己的心情（簡報S7 第2至4頁）

活動2 溫故知新 10分鐘

☆ **目的：** 了解組員在完成小練習時是否遇到困難

☆ **物資：**

- 「情緒探熱針」工作紙（附錄練習 01）
- 「身心思想情緒圖」 工作紙（附錄練習 07）
- 「我的感恩日記」工作紙 （附錄練習 10）

☆ **步驟：**

1. 邀請組員簡單分享情緒指數（簡報S7 第7至13頁）
2. 詢問組員在完成小練習時是否遇到困難或疑問，協助他們解答有關問題，並加以指導（如有需要，可微調小練習的要求或難易程度）
3. 邀請個別組員分享「身心思想情緒圖」 工作紙及「我的感恩日記」工作紙
4. 工作員作小總結
5. 提醒組員小練習的目的，感謝組員嘗試完成小練習的努力

活動 3 反問：捕捉負面想法（第二步） 15分鐘

☆ **目的：**
- 協助組員反問／捕捉負面想法／自己的思想陷阱／地雷，提升覺察
- 「帶出負面情緒」背後往往有「負面想法」

☆ **物資：**
- 「身心思想情緒圖」 工作紙（附錄練習 07）
- 「思想陷阱／地雷類型一覽表」（附錄練習 09）

☆ **步驟：**
1. 問組員是否還記得陳婆婆的故事，當時她經歷怎樣的情緒和身體變化，對她有甚麼影響？（簡報S7 第14至25頁）
2. 你認為她有跌入思想陷阱嗎？哪一種？
3. 提醒組員留意自己的情緒變化（訊號燈），敏銳地覺察負面思想的出現，才能有機會改變這種思考習慣

活動 4 反問：捕捉負面想法（續） 15分鐘

☆ **目的：** 保持正面樂觀的重要性

☆ **物資：**
- 「思想陷阱／地雷類型一覽表」（附錄練習 09）
- 「身心思想情緒圖」 工作紙（附錄練習 07）

☆ **步驟：**
1. 承接上節未完成的練習（簡報 S7 第26至28頁）
2. 小組活動：
   a. 把組員分成 3至4 人一組，用已完成的身心思想情緒圖作討論（家課）
   b. 在「身心思想情緒圖」 工作紙（上，畫出由這思想陷阱／地雷引起的負面情緒及身體反應
3. 解說：
   a. 改變負面思考習慣，敏銳地覺察負面思想的出現是很重要的。留意到，才有機會改變
   b. 這些情緒及身體反應將是我們的訊號燈，當我們留意到這些訊號，便可以提醒自己學習停一停，問問自己是否已陷入負面思想，甚至可以學習改變負面思想

經驗分享

- ▶ 組員步伐各有快慢，有些組員可能在最初介紹思想陷阱時已能說出自身常跌進的陷阱，相反有些組員則需要更多時間理解，所以活動三及四的分界可能會較模糊，工作員需靈活帶領
- ▶ 如組員不認為自己有思想陷阱，工作員可多作引導性發問，不必勉強組員

休息 10 分鐘

活動 5

轉念（第三步） 25分鐘

☆ **目的：** 挑戰負面想法，建立健康正面的思想模式

☆ **物資：**
- 「挑戰負面想法卡」（附錄練習 11）
- 「身心思想情緒圖」 工作紙（附錄練習 07））

☆ **步驟：**
1. 挑戰自己的負面想法，並把自己的負面想法轉化成較健康正面的想法（簡報S7 第29至43頁）
2. 如合適，可以邀請組員於自己的家課（「身心思想情緒圖」 工作紙）中，嘗試找出思想陷阱的類型
3. 解說：
   當發現自己受負面想法困擾（訊號燈），組員可以學習用問題反問自己，從而幫助自己跳出負面想法，建立更客觀合宜的想法，紓緩情緒
4. 工作員介紹每張「挑戰負面想法卡」，邀請組員嘗試用卡上的問題（或自己想到的問題） 反問那些負面想法，及圈選出最能幫助自己挑戰思想陷阱的問題
5. 然後引導組員於卡片背面寫下有助紓緩情緒的句子或「金句」
6. 建立提醒自己的金句，例如：
   a. 非黑即白 —— 「好多可能㗎」
   b. 大難臨頭 —— 「冇咁嚴重遮」
   c. 打沉自己 —— 「我總有嘢得」／我有三分釘
   d. 妄下判斷 —— 「我要睇真啲」
   e. 攬晒上身 —— 責任分清袋
7. 總結：
   在日常生活上，任何事情也有很多可能性，鼓勵組員嘗試從不同角度去看事情，有助建立正面健康的思考模式

經驗分享

- 如組員已找出思想陷阱並願意分享，工作員可邀請他分享，並以他作為例子，詳細解釋轉念的過程，以及轉念前後情緒的變化
- 實物或圖片都能幫助長者在日常生活中記起轉念的金句。實物方面，例如：
  a. 「好多可能㗎」——八爪魚衣架
  b. 「冇咁嚴重遮」——雨傘
  c. 「我總有嘢得」——小鴨
  d. 「我要睇真啲」——放大鏡
  e. 責任分清袋 —— 衣物分隔袋

活動 6 總結改善負面思考三部曲:「感恩,反問,轉念」 ⏱10分鐘

☆ **目的:** 鞏固組員對處理負面思考習慣的學習

☆ **物資:**

- 「身心思想情緒圖」 工作紙(附錄練習 07)
- 「挑戰負面想法卡」(附錄練習 11)
- 「我的感恩日記」工作紙(附錄練習 10))

☆ **步驟:**

1. 工作員重溫組員三張工作紙(簡報S7 第44至46頁)
2. 解說改善負面思考習慣的步驟:
   a. 第一步:常懷感恩之心
   b. 第二步:反問 —— 捕捉負面想法 —— 用自己的情緒及身體反應作為訊號燈
   c. 第三步:轉念,以「挑戰負面想法卡」來建立正面想法,找出紓緩情緒的句子或「金句」

活動 7 有效紓緩情緒的方法 ⏱15分鐘

☆ **目的:** 協助組員分清及建立合宜的紓緩情緒方法

☆ **物資:**

- 「我的情緒急救方法」工作紙(附錄練習 13)
- 「我的情緒急救箱」工作紙(附錄練習 12)

☆ **步驟:**

1. 工作員解說合宜與不合宜的紓緩情緒方法(簡報S7 第47至51頁)
2. 工作員邀請組員分享自己紓緩情緒的方法,以及哪些方法最常用,哪些又最有效;工作員可以把組員分享的方法寫在白板上(如合適,可以給予分數)
3. 介紹「我的情緒急救方法」工作紙裡的方法給組員
4. 協助組員找出對自己最有效的方法並填寫在「我的情緒急救箱」工作紙;也可以寫出/畫出/貼上相關活動,以表達和提醒自己可以做的紓緩情緒方法
5. 工作員帶出每個人都可以有不同的紓緩情緒方法,重點是這些方法是否健康和有效

經驗分享

▶ 如組員未能識別自身常用的紓緩情緒方法,可在旁鼓勵組員選出一至兩個他認為較可行的方法,並邀請他在下一次有需要時嘗試這些新方法

活動 8 總結及安排小練習 10分鐘

☆ **目的：** 總結本節學習重點，並安排家課小練習

☆ **本週練習：**

- 「情緒探熱針」——記錄一星期心情
- 「我的情緒急救箱」工作紙（附錄練習 12）
- 預備一件可以代表自己於這八星期進步的東西，下星期帶回小組分享

☆ **物資：**

- 「情緒探熱針」工作紙（附錄練習 01）
- 「我的情緒急救箱」工作紙（附錄練習 12）

☆ **步驟：**

1. 工作員邀請組員分享對本節的得著及疑問（簡報S7 第52至55頁）
2. 工作員作解答提問小總結，並就著組員的分享，總結組員的得著及本節的學習重點
3. 鼓勵組員可以在家中實踐「我的情緒急救箱」裡的活動，有助紓緩情緒
4. 派發小練習「情緒探熱針」
5. 工作員講解如何完成工作紙，鼓勵組員繼續記錄情緒
6. 感謝組員的積極參與，並鼓勵他們完成工作紙後在下一節帶回小組

活動 9 這一刻的心情 5分鐘

☆ **目的：** 了解組員開組後的情緒

☆ **物資：**

- 大組「情緒恆生指數」（附錄練習 16）
- 個人「情緒恆生指數」（附錄練習 16）

☆ **步驟：**

1. 邀請每個組員記錄開組後自己的心情（簡報S7 第56至58頁）
2. 留意情緒在不同活動後可能會轉變

第八節 建立自己的新習慣，重新出發

目標

1. 協助組員重溫及鞏固之前的學習，以及建立預防抑鬱的工具
2. 讓組員分享於這六星期中的改變與得著，互相欣賞和鼓勵

小組內容

活動1 這一刻的心情 5分鐘

☆ **目的：** 了解組員開組前的情緒

☆ **物資：**

- 大組「情緒恆生指數」（附錄練習 16）
- 個人「情緒恆生指數」（附錄練習 16）
- 簡報S8

☆ **步驟：**

1. 邀請每個組員記錄開組前自己的心情（簡報S8 第2至4頁）

活動2 溫故知新 10分鐘

☆ **目的：** 了解組員在完成小練習時是否遇到困難

☆ **物資：**

- 「情緒探熱針」工作紙（附錄練習 01）

☆ **步驟：**

1. 邀請組員簡單分享情緒指數（簡報S8 第7至13頁）
2. 詢問組員在完成小練習時是否遇到困難或疑問，協助他們解答有關問題，並加以指導（如有需要，可微調小練習的要求或難易程度）
3. 工作員作小總結
4. 提醒組員小練習的目的，感謝組員嘗試完成小練習的努力

經驗分享

▶ 工作員需提醒組員，在小組完結後，持續多覺察自身的情緒，以及為日常生活增添減壓活動，有助改善情緒健康

活動 3

我的情緒健康指南 35分鐘

☆ **目的：**

- 重溫及鞏固之前的學習，以及建立預防抑鬱的工具

☆ **物資：**

- 「我的情緒健康指南」文件夾

☆ **步驟：**

1. 工作員簡單重溫第一至六課堂的學習（簡報S8 第11至22頁）
2. 工作員再用以下架構，重溫及整理工作紙，以協助組員鞏固之前的學習，和建立「我的情緒健康指南」文件夾。處理情緒有三「多」：
   a. 多留意：覺察我現在有甚麼情緒？我要留意的情緒身體訊號？
      - ▶ 「情緒探熱針」工作紙（附錄練習 01）、「情緒面譜」工作紙（附錄練習 06）、「身心思想情緒圖」工作紙（附錄練習 07）、「抑鬱徵狀逐個捉」（附錄練習 03）
   b. 多了解：為甚麼我有這種感覺和反應？
      - ▶ 「壓力何來」工作紙（附錄練習 02）
      - ▶ 思想與情緒的關係，「思想陷阱 / 地雷類型一覽表」（附錄練習 09）
   c. 多嘗試：我如何去處理這個情緒？
      - ▶ 帶出認知行為治療針對四個核心組件的介入方法
      - ▶ 想法：「我的感恩日記」工作紙（附錄練習 10），「挑戰負面想法卡」（附錄練習 11）及金句
      - ▶ 身體：「減壓招數」工作紙（附錄練習 04）
      - ▶ 情緒：「我的情緒急救箱工作紙」（附錄練習 12）
3. 邀請個別組員分享「我的情緒健康指南」文件夾中，甚麼對他最重要、最有幫助

經驗分享

- ▶ 如時間及物資許可，工作員可安排「畢業禮」或頒發證書予組員，寓意他們完成了一個學懂讓自己快樂的課程，並邀請他們分享課程中的得著或最深刻的部分
- ▶ 比起「參與治療」，以「參與課程」來命名小組更能讓組員覺得有能力及成就感

休息 10 分鐘

活動 4 在這個旅程…… 35分鐘

☆ **目的：**

- 讓組員分享於這八星期中的改變與得著

☆ **物資：**

- 第一節組員於第一節為自己訂下目標的心意卡
- 便利貼
- 星星貼紙

☆ **步驟：**

1. 工作員派發組員於第一節為自己訂下目標的心意卡，讓組員回顧自己的進展；同時邀請組員逐一分享他們帶回小組的物件，以及於這六星期中的改變、得著與啟發（簡報S8 第23至24頁）
2. 工作員可於觀察組員的改變與得著後，給予回饋，尤其肯定組員的嘗試，以增加他們的能力感

經驗分享

▶ 若時間許可，工作員可派發便利貼及星星貼紙予組員，讓他們寫上欣賞其他組員的地方，並將其貼在該組員身上；不懂或不想寫字的，亦可把星星貼紙貼在其他組員身上

活動 5 互勵互勉，重新出發 15分鐘

☆ **目的：** 讓組員互相欣賞和鼓勵，亦為自己訂下新目標，增加希望感

☆ **物資：**

- 心意卡
- 筆

☆ **步驟：**

1. 請組員為自己將來訂下新的目標，填寫心意卡，加上對自己的祝福（簡報S8 第25至28頁）
2. 工作員可以邀請個別組員分享自己為將來訂下的新目標
3. 工作員作最後總結，並鼓勵組員在組外繼續互助互勉，以及運用在課程中學到的快樂或放鬆小技巧

活動 6

這一刻的心情 10分鐘

☆ **目的：** 了解組員開組後的情緒

☆ **物資：**

- 大組「情緒恆生指數」（附錄練習16）
- 個人「情緒恆生指數」（附錄練習16）

☆ **步驟：**

1. 邀請每個組員記錄開組後自己的心情（簡報S8 第29至31頁）
2. 留意情緒在不同活動後可能會轉變
3. 總結這八節大家心情的起伏 -「人的心情總會有起伏的時候，重要的是能夠學習多一分覺察在這個小組，我們學懂如何提升自己的思想和行為彈性， 從而改善自己的心情」

請掃描二維碼
觀看影片/獲取資源連結

六節小組大綱

工作員可考慮調整及簡化小組內容，由8節改為6節。6節小組的內容可參考以下大綱：

節數	主題	大綱
1	知己知彼	• 讓組員互相認識 • 訂立小組守則 • 簡介小組目標及內容 • 了解組員對小組的期望 • 協助組員訂立個人目標 • 讓組員適應家課小練習的學習模式
2	情緒知多少	• 認識情緒及其功用 • 學習常見的情緒（包括喜、怒、哀、懼）及不同的情緒字眼 • 提高他們對自身情緒的認識及意識 • 認識壓力或負面情緒出現時的身體反應或訊號 • 學習漸進式肌肉鬆弛法
3	壓力人人有	• 識別壓力常見的成因及來源 • 學習壓力常見的反應 • 學習區分有益及無益的壓力 • 簡介從不同方面入手處理壓力，以及認知行為治療的四個核心組件 • 學習抑鬱症徵狀及其風險因素
4	由「思想」而生的「情緒」	• 認識事件、思想與情緒之間的關係 • 認識不同的解讀（思想）會帶來不同的感受 • 認識不同的思想陷阱／地雷，以及它們對情緒的影響 • 帶出「感恩」對培養正面思維與情緒的重要
5	新思維，新生活	• 協助組員學習反問負面想法，建立健康且有助紓緩情緒的想法／句子 • 協助組員建立有效紓緩情緒的方法
6	建立自己的新習慣，重新出發	• 協助組員重溫及鞏固之前的學習，以及建立預防抑鬱的工具 • 讓組員分享於這六星期中的改變與得著，互相欣賞和鼓勵

附錄練習 01 「情緒探熱針」工作紙

情緒探熱針

日期	情緒	情緒強弱程度	發生咩事?
		完全沒有 0 最強 10 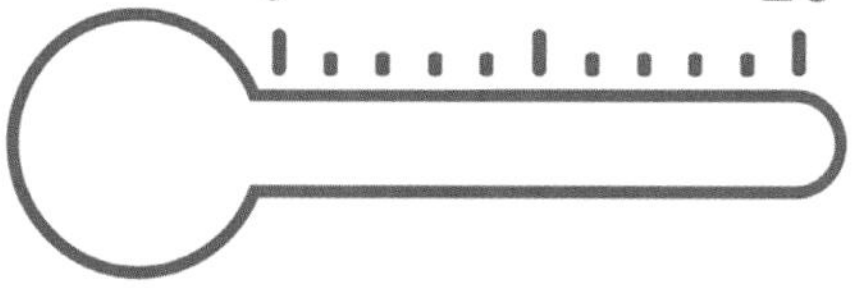	
		完全沒有 0 最強 10 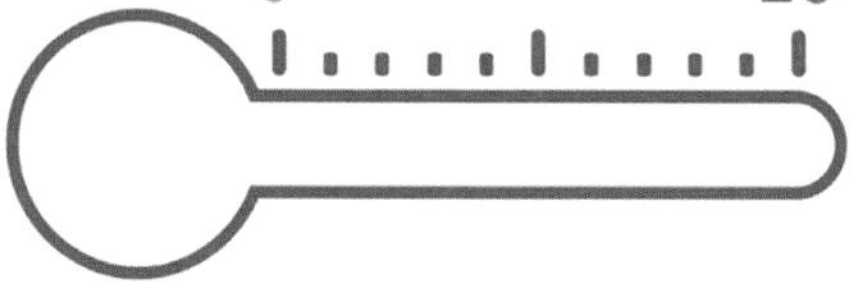	
		完全沒有 0 最強 10 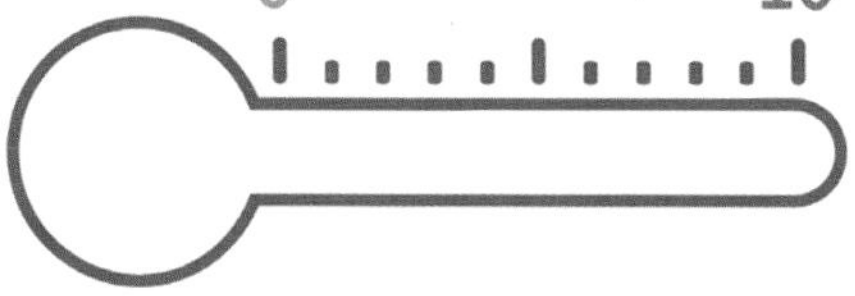	
		完全沒有 0 最強 10 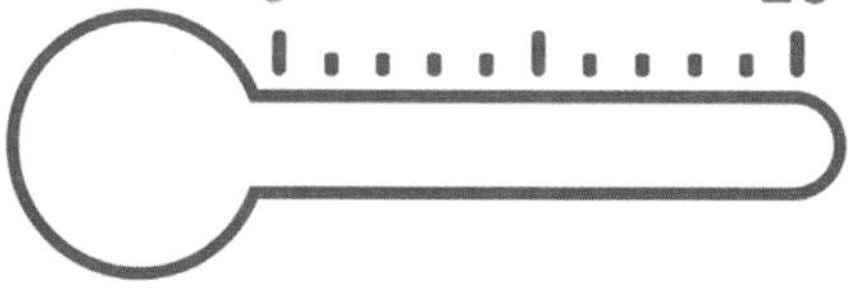	

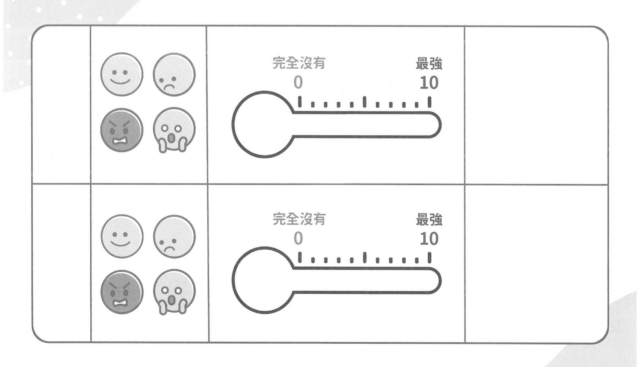

壓力何來

1.周身骨痛

壓力分數：

2.失眠

壓力分數：

3.行動不便

壓力分數：

4.獨居

壓力分數：

5.擔心子女

壓力分數：

6.與人相處

壓力分數：

7.親友離世

壓力分數：

8.經濟壓力

壓力分數：

9.身體轉差

壓力分數：

其他壓力：

壓力分數：

抑鬱徵狀逐個捉

以下這些是抑鬱徵狀嗎？在圈圈內打 ✔ 或 ✖

失去興趣

情緒抑鬱

自殺

自我價值低⬇/罪疚感⬆

感到疲累

食慾體重⬇⬆

失眠

行動遲滯/急躁

專注力⬇

即時紓緩

停一停負面想法

洗洗面，飲杯暖水

慢慢呼吸幾分鐘

做些肌肉放鬆的動作，
如壓力球

即時紓緩

分散注意力

正面想法

冥想 / 靜觀 / 祈禱

想實際的解決方法

想想其他美好的事

附錄練習 04 「減壓招數」工作紙

減壓招數

睇電視 / 睇報紙

聽收音機

傾電話 / 與親友聯絡

做運動

行公園 / 曬曬太陽

唱歌

落地區長者中心 / 參加活動

下棋 / 打麻雀 / 啤牌

興趣 / 做手工
(下廚，畫畫，園藝，學新嘢……)

出去食嘢飲茶

見下屋企人 / 家人探訪

同人傾計

齊來鬆一鬆

日期：	日期：	日期：

日期：	日期：	日期：

日期：	日期：	日期：

日期：	日期：	日期：
日期：	日期：	日期：

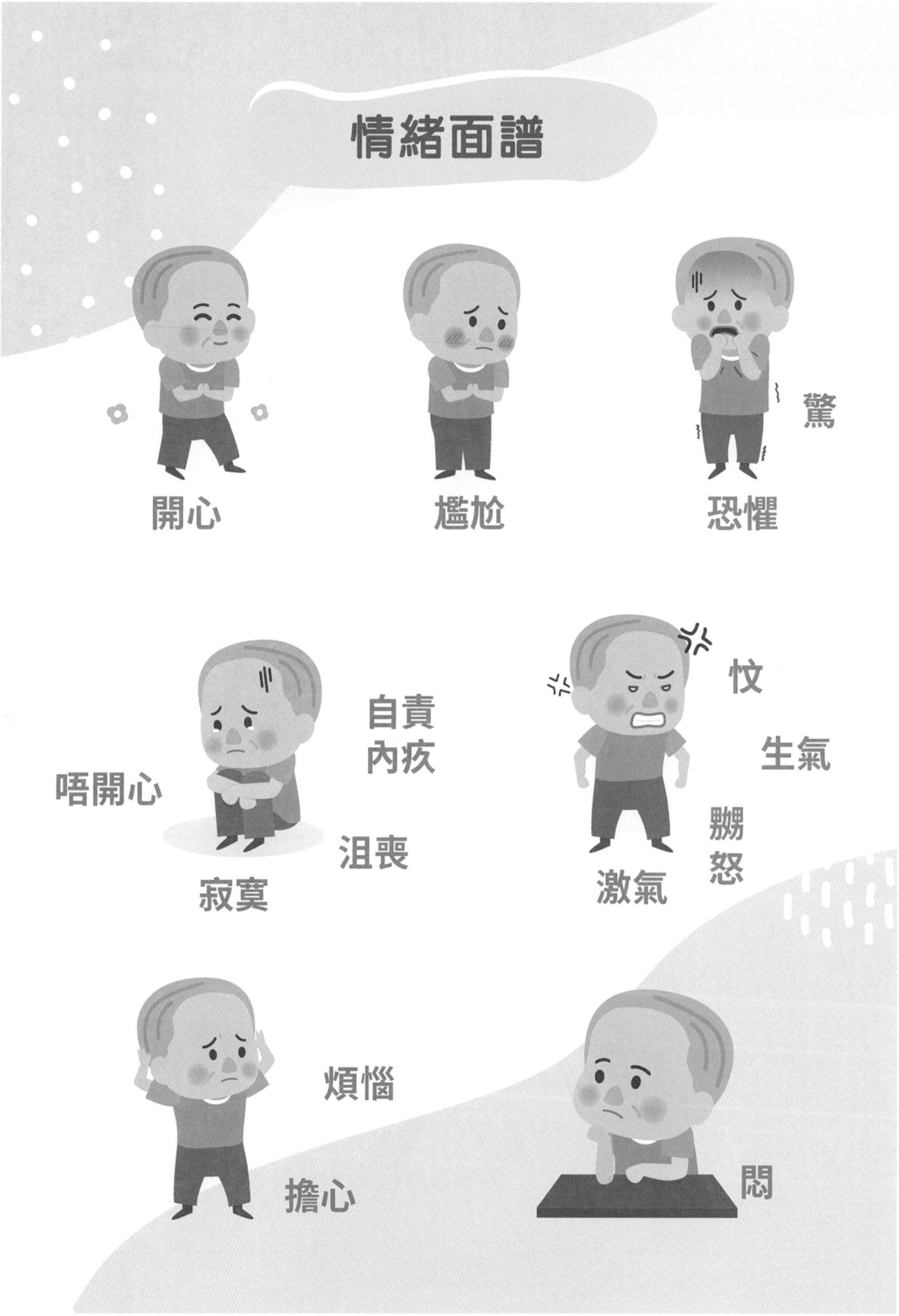
情緒面譜
開心
尷尬
驚
恐懼
自責
內疚
唔開心
沮喪
寂寞
忟
生氣
嬲
怒
激氣
煩惱
擔心
悶

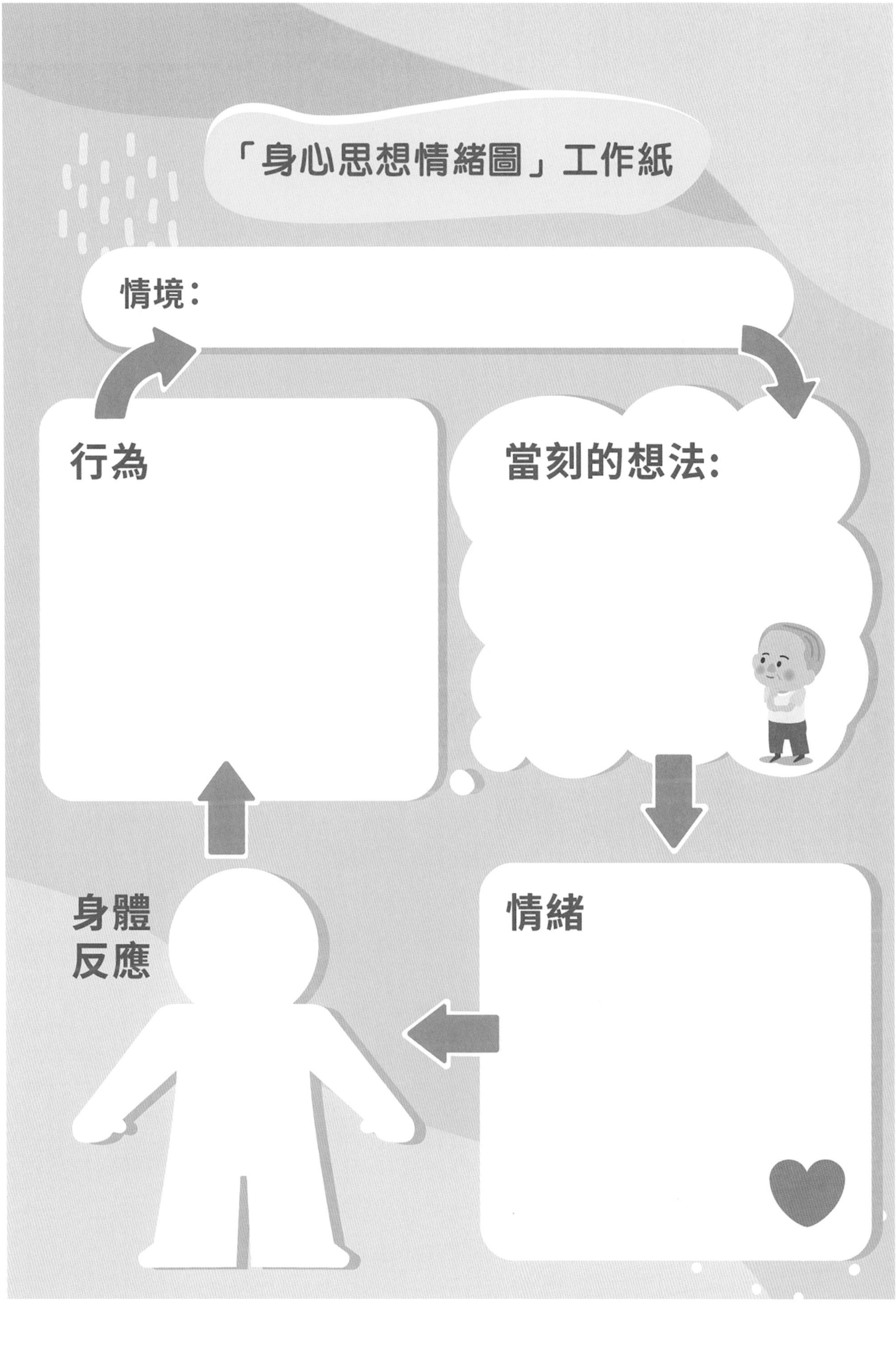
「身心思想情緒圖」工作紙
情境：
行為
當刻的想法：
身體
反應
情緒

「心情故事一及二」

心情故事一

陳婆婆兒媳有了身孕，兒子最近工作又很忙，好一段時間都沒有去探她。有一次兒媳兒子本來約好了上來和她晚飯，但兒媳下午打來說她身體又不適不能來，兒子要加班晚，但他晚一點一定會去探望。
陳婆婆默默聽完電話，就躺在床上，心裡想「他們都不重視，都不願理我嫌我麻煩，我都不要阻住他們生活」，想著想著，覺得頭痛，心口壓住，胃口也沒了，晚上兒子放工打來說要來探，陳婆婆都拒絕了。當晚陳婆婆沒吃飯整晚躺在床上，卻又睡不著。

心情故事二

王婆婆兒媳有了身孕，兒子最近工作又很忙，有一次兒媳下午打來說她身體不適不能來，兒子要加班晚點才會到。王婆婆聽到，雖然心裡有點失望，但仍在電話中關心兒媳，順帶分享懷孕要留意的事。收了線後，王婆婆有點掛心兒媳，又想起兒子晚點會到，就心想："雖然見不到兒媳，但他們最近都辛苦，唯有下次啦。
阿仔今晚咁忙都嚟算係咁，煲定啖湯佢飲先"。王婆婆就煲了湯，兒子來到時飲了碗，看到兒子尚算精神，又叮囑了他要怎樣照顧兒媳。算是安心了點。

大難臨頭

· 把事情看得太嚴重化，太災難化

口頭蟬：

· 「死啦，弊啦，大件事啦，好嚴重呀，攪唔掂呀…」

賽馬會樂齡同行計劃 Jockey Club JoyAge Holistic Support Project for Elderly Mental Wellness
策劃及捐助：香港賽馬會慈善信託基金
合作院校：HKU SWSA Department of Social Work and Social Administration The University of Hong Kong 香港大學社會工作及社會行政學系

打沉自己

- 不斷向自己說負面的說話，以致意志消沉
- 只看到自己的不足或挫敗
- 會貶低成功經驗

口頭蟬：

- 「我唔得/ 唔識架；成日都做錯/ 做唔好；我好無用/ 好渣/ 好蠢…」
- 「做到係撞彩/ 咁啱/ 係人地幫我啫；做到都無咩特別，好普通，係人都得…」

賽馬會樂齡同行計劃 Jockey Club JoyAge Holistic Support Project for Elderly Mental Wellness
策劃及捐助: 香港賽馬會慈善信託基金
合作院校: HKU SWSA Department of Social Work and Social Administration The University of Hong Kong 香港大學社會工作及社會行政學系

妄下判斷

- 在沒有甚麼理據下，判斷事情或別人的意圖
- 估咗當真

口頭蟬：

在沒甚麼理據的情況下：

- 「佢一定係咁諗/ 會咁做，佢都係想XXX之嘛」
- 「佢唔鍾意/ 嬲/ 討厭我」

賽馬會樂齡同行計劃 Jockey Club JoyAge Holistic Support Project for Elderly Mental Wellness
策劃及捐助：香港賽馬會慈善信託基金
合作院校：HKU SWSA Department of Social Work and Social Administration The University of Hong Kong 香港大學社會工作及社會行政學系

重溫思想陷阱

· 非黑即白
· 把事情或人絕對化，極端化
· 只有全對與全錯，全好與全壞，應該與不應該
· 不考慮其他可能或灰色地帶

口頭蟬：

· 「一定」、「應該」、「好壞」、「對錯」

賽馬會樂齡同行計劃 Jockey Club JoyAge Holistic Support Project for Elderly Mental Wellness
策劃及捐助：香港賽馬會慈善信託基金
合作院校：HKU SWSA Department of Social Work and Social Administration The University of Hong Kong 香港大學社會工作及社會行政學系

攬晒上身

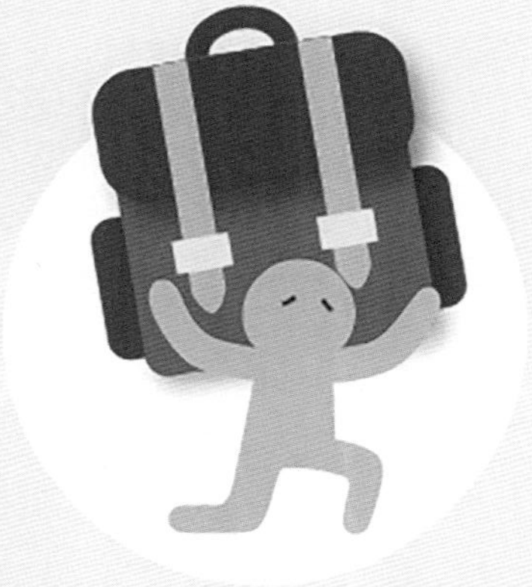

- 「個人化」，認為什麼都是自己的責任
- 事情不順利時，會將問題歸咎自己身上，認為是自己的錯
- 亦容易把別人的責任也攬晒上身

口頭蟬：

- 「都係我唔好，攬到件事咁」
- 「一日最衰都係我」
- 「我唔可以唔幫手㗎」

賽馬會樂齡同行計劃 JoyAge Holistic Support Project for Elderly Mental Wellness

策劃及捐助：香港賽馬會慈善信託基金

合作院校：HKU SWSA Department of Social Work and Social Administration The University of Hong Kong 香港大學社會工作及社會行政學系

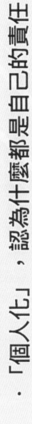

「我的感恩日記」工作紙

日期	感恩事：每晚就寢前，記下至少3件當天你覺得值得感恩的事		
	感恩的人： 感恩的事：	感恩的人： 感恩的事：	感恩的人： 感恩的事：
	感恩的人： 感恩的事：	感恩的人： 感恩的事：	感恩的人： 感恩的事：
	感恩的人： 感恩的事：	感恩的人： 感恩的事：	感恩的人： 感恩的事：

「我的感恩日記」可以是筆錄,繪畫, 貼圖, 填色的方法去完成

附錄練習 10「我的感恩日記 」工作紙

日期	感恩事：每晚就寢前，記下至少3件當天你覺得值得感恩的事		
	感恩的人： 感恩的事：	感恩的人： 感恩的事：	感恩的人： 感恩的事：
	感恩的人： 感恩的事：	感恩的人： 感恩的事：	感恩的人： 感恩的事：
	感恩的人： 感恩的事：	感恩的人： 感恩的事：	感恩的人： 感恩的事：
	感恩的人： 感恩的事：	感恩的人： 感恩的事：	感恩的人： 感恩的事：

「我的感恩日記」可以是筆錄,繪畫，貼圖，填色的方法去完成

冇咁嚴重遮

擊破「大難臨頭」

反問自己:

- 事情的結果真的這麼嚴重？有證據嗎？
- 發生又如何？我可以怎樣處理？
- 其他人會怎樣想這事？我會誇大了嗎？

賽馬會樂齡同行計劃 Jockey Club JoyAge Holistic Support Project for Elderly Mental Wellness

策劃及捐助: 香港賽馬會慈善信託基金

合作院校: HKU SWSA Department of Social Work and Social Administration The University of Hong Kong 香港大學社會工作及社會行政學系

好多可能架

擊破非黑即白

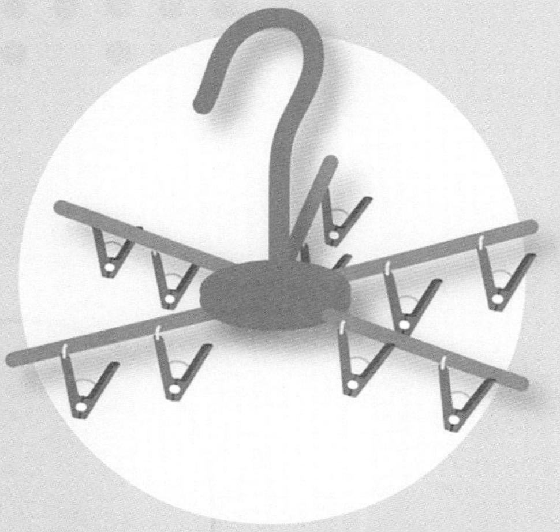

反問自己:

·這事有哪些好的部份？

·只可以得一種處事/ 睇法嗎？

·還有甚麼可能性？

賽馬會樂齡同行計劃
Jockey Club JoyAge Holistic Support Project for Elderly Mental Wellness

策劃及捐助:
香港賽馬會慈善信託基金

合作院校:
HKU SWSA Department of Social Work and Social Administration
The University of Hong Kong
香港大學社會工作及社會行政學系

我有三分釘

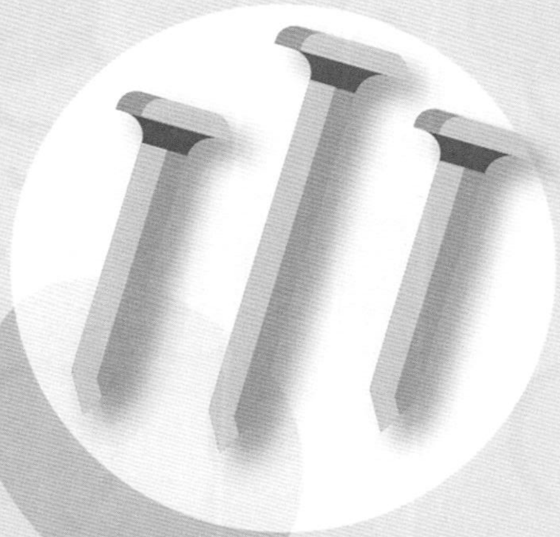

擊破「打沉自己」

反問自己：

- 我有哪些地方做得好？真的不能應付嗎？
- 繼續想著這想法對我有甚麼影響？
- 我曾有甚麼成功的經驗？

賽馬會樂齡同行計劃
Jockey Club JoyAge Holistic Support Project for Elderly Mental Wellness

策劃及捐助：
香港賽馬會慈善信託基金

合作院校：
HKU SWSA
Department of Social Work and Social Administration
The University of Hong Kong
香港大學社會工作及社會行政學系

我要睇真啲

擊破「妄下判斷」

反問自己：

- 我這樣估計，有甚麼證據嗎？是事實的全部嗎？
- 其他人會怎樣想這事？事情還有其他可能嗎？
- 我可以怎樣了解多點？

賽馬會樂齡同行計劃
Jockey Club JoyAge Holistic Support Project for Elderly Mental Wellness

策劃及捐助：
香港賽馬會慈善信託基金

合作院校：
HKU SWSA
Department of Social Work and Social Administration
The University of Hong Kong
香港大學社會工作及社會行政學系

我總有嘢得

擊破「打沉自己」

反問自己：

- 我有哪些地方做得好？真的不能應付嗎？
- 繼續想著這想法對我有甚麼影響？
- 我曾有甚麼成功的經驗？

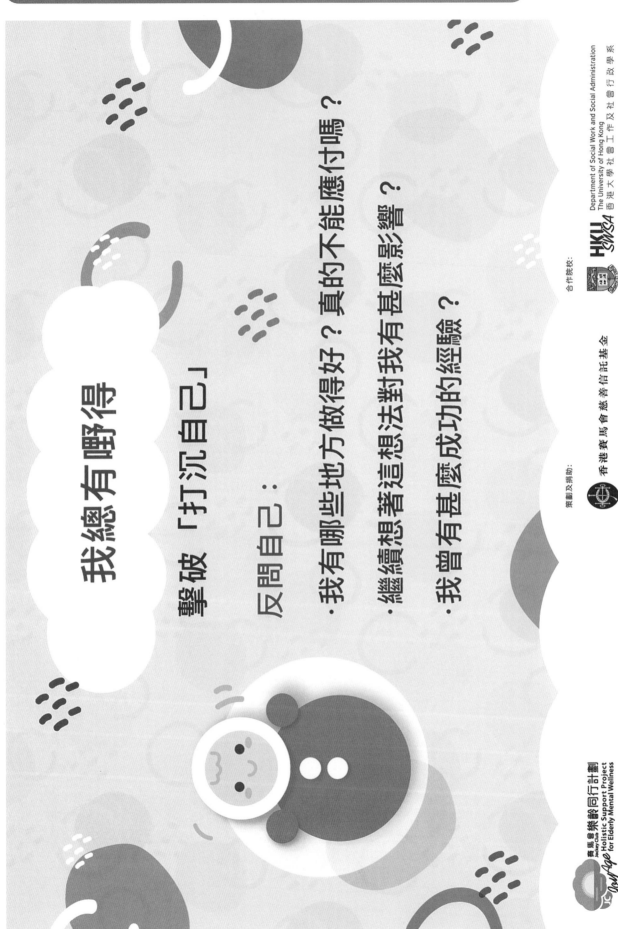

責任分清袋

擊破「攬晒上身」

反問自己：

·是否一定與我有關？其他人沒有責任？

·是否沒有我，就不能成事？

·繼續想著這想法對我有甚麼影響？

策劃及捐助：香港賽馬會慈善信託基金

合作院校：HKU SWSA Department of Social Work and Social Administration The University of Hong Kong 香港大學社會工作及社會行政學系

賽馬會樂齡同行計劃 Jockey Club JoyAge Holistic Support Project for Elderly Mental Wellness

我的情緒急救箱

當我感到難受時, 我可以

即時跟自己說:	即時做這些活動
事後做以下的活動	找以下的人傾訴或支持

即時舒緩

停一停負面想法

洗洗面，飲杯暖水

慢慢呼吸幾分鐘

做些肌肉放鬆的動作，
如壓力球

附錄練習 13 「我的情緒急救方法」工作紙

即時紓緩

分散注意力

正面想法

冥想 / 靜觀 / 祈禱

想實際的解決方法

想想其他美好的事

減壓招數

睇電視 / 睇報紙

聽收音機

傾電話 / 與親友聯絡

做運動

行公園 / 曬曬太陽

唱歌

落地區長者中心 / 參加活動

下棋 / 打麻雀 / 啤牌

興趣 / 做手工
(下廚，畫畫，園藝，學新嘢……)

出去食嘢飲茶

見下屋企人 / 家人探訪

同人傾計

附錄練習 14 我的日常活動表

「我的日常活動表」

活動	日期	完成後的心情 (1-10)
		1 — 10
		1 — 10
		1 — 10

附錄練習 15「活動一覽表」工作紙

我的活動

睇電視 / 睇報紙

聽收音機

傾電話 / 與親友聯絡

做運動

行公園 / 曬曬太陽

唱歌

落地區長者中心 /
參加活動

下棋 / 打麻雀 / 啤牌

興趣 / 做手工
(下廚，畫畫，園藝，學新嘢……)

出去食嘢飲茶

見下屋企人 / 家人探訪

同人傾計

附錄練習 15 「活動一覽表」工作紙

我的活動

行街 / 買嘢

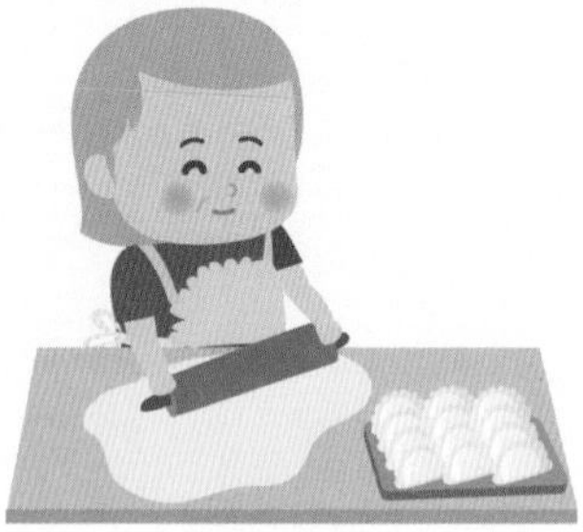

整嘢食

洗嘢

掃地 / 扔垃圾

執衫 / 執屋

執床 / 換被

照顧植物 / 寵物

洗衫

晾衫 / 疊衫

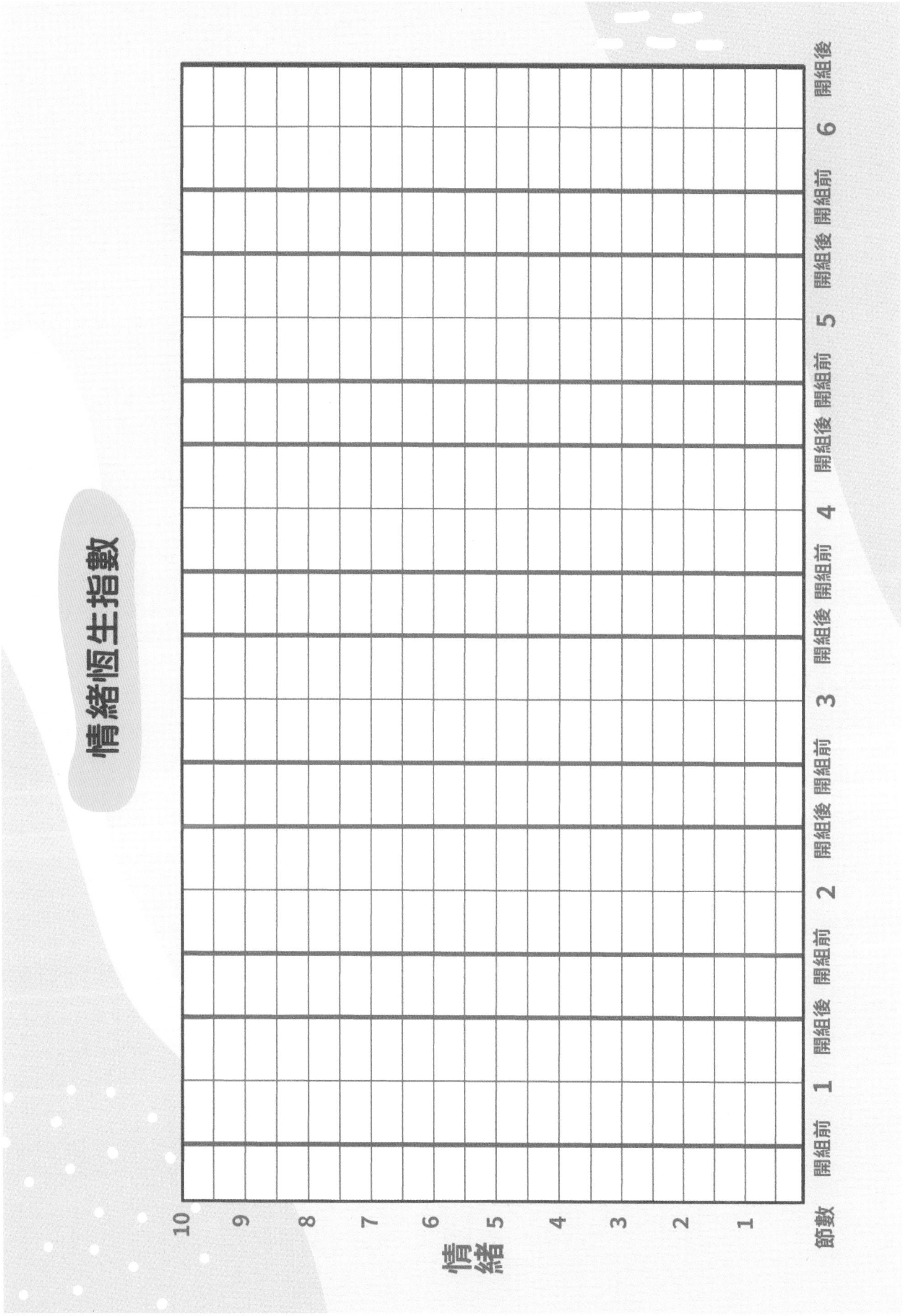

情緒恆生指數
情緒
10
9
8
7
6
5
4
3
2
1
節數
開組前 1 開組後
開組前 2 開組後
開組前 3 開組後
開組前 4 開組後
開組前 5 開組後
開組前 6 開組後

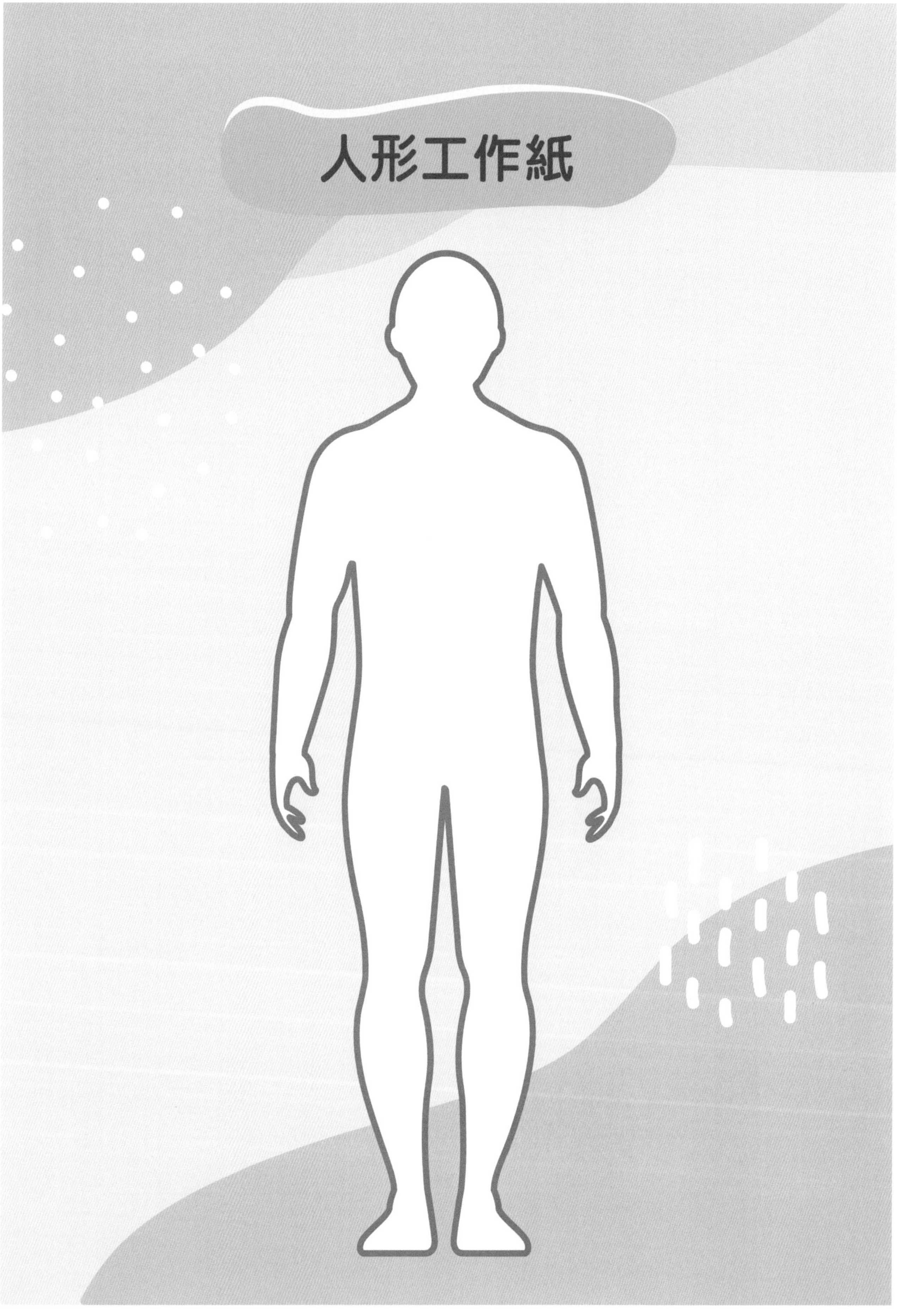
人形工作紙

感恩之心

參考文獻

Amick, H. R., Gartlehner, G., Gaynes, B. N., Forneris, C., Asher, G. N., Morgan, L. C., Coker-Schwimmer, E., Boland, E., Lux, L. J., Gaylord, S., Bann, C., Pierl, C. B., Lohr, K. N. (2015). Comparative benefits and harms of second-generation antidepressants and cognitive behavioral therapies in initial treatment of major depressive disorder: Systematic review and meta-analysis. *BMJ* (Clinical research ed.), *351*, h6019. https://doi.org/10.1136/bmj.h6019

Jayasekara, R., Procter, N., Harrison, J., Skelton, K., Hampel, S., Draper, R., & Deuter, K. (2015). Cognitive behavioural therapy for older adults with depression: A review. *Journal of Mental Health*, 24(3), 168–171.

Kroenke, K., & Spitzer, R. L. (2002). The PHQ-9: A new depression and diagnostic severity measure. *Psychiatric Annals*, 32, 509–521.

National Institute for Health and Care Excellence. (2022). *Depression in adults: Treatment and management.* (NG222). www.nice.org.uk/guidance/ng222